产品创新设计中信息技术的应用与发展研究

王 璐 著

吉林文史出版社

图书在版编目（CIP）数据

产品创新设计中信息技术的应用与发展研究 / 王璐著. — 长春 : 吉林文史出版社, 2024.1
ISBN 978-7-5752-0047-9

Ⅰ. ①产… Ⅱ. ①王… Ⅲ. ①信息技术－应用－产品设计－研究 Ⅳ. ① TB472-39

中国国家版本馆 CIP 数据核字 (2024) 第 035126 号

产品创新设计中信息技术的应用与发展研究
CHANPIN CHUANGXIN SHEJI ZHONG XINXI JISHU DE YINGYONG YU FAZHAN YANJIU

著　　者：王　璐
责任编辑：马铭烩
出版发行：吉林文史出版社
电　　话：0431-81629369
地　　址：长春市福祉大路 5788 号
邮　　编：130117
网　　址：www.jlws.com.cn
印　　刷：河北万卷印刷有限公司
开　　本：710mm×1000mm 1/16
印　　张：17.5
字　　数：235 千字
版　　次：2024 年 1 月第 1 版
印　　次：2024 年 1 月第 1 次印刷
书　　号：ISBN 978-7-5752-0047-9
定　　价：98.00 元

前　言

随着科技的快速发展和社会的不断进步，产品创新设计在当今的商业竞争中扮演着至关重要的角色。信息技术作为现代社会的核心驱动力之一，对产品创新设计产生了深远的影响。本书旨在探讨信息技术在产品创新设计中的应用与发展，并为相关领域的研究提供理论支持和实践指导。

第一章为研究背景及意义，首先，介绍了研究的背景，指出了信息技术对产品创新设计的重要性和影响。其次，阐述了研究的目的，即深入探讨信息技术在产品创新设计中的具体应用和发展趋势。再次，强调了本研究的意义，包括推动产品创新设计的进一步发展，提升企业竞争力，满足用户需求等方面。最后，本著作运用多种研究方法，如文献研究法、实证研究法、案例研究法等，对研究内容进行深入且全面的分析。

第二章主要介绍了产品设计概述，包括产品的定义和分类，以及产品设计的基本概念和原则。重点探讨了产品设计学科及其特点，为读者提供了全面的产品设计知识和理论基础。此外，还探讨了产品设计面临的机遇与挑战，为读者理解产品设计领域的现状和未来提供了参考。

第三章围绕产品设计的理念、原则与禁忌展开。首先，介绍了产品设计的理念。其次，详细阐述了产品设计的原则。同时，也指出了产品设计中需要避免的禁忌，以确保设计的成功与实用性。

第四章探讨了产品创新设计与产品设计的关系。首先，介绍了产品创新设计的概念和意义，强调创新对于产品设计的重要性。其次，对比了产品创新设计与传统产品设计的异同，并指出了产品创新设计对于产品设计发展的推动作用。

第五章详细介绍了产品创新设计的实践步骤与关键要素。通过列举具体的实践步骤，为读者提供了一套系统的产品创新设计方法。同时，阐述了影响产品创新设计成功的关键要素。

第六章探讨了信息技术概述及其对于产品创新设计的影响。首先，介绍了信息技术的发展背景和应用范围。其次，阐述了信息技术在技术意义和社会意义方面的重要性。最后，深入探讨了信息技术在产品创新设计中的应用和实践，以及其对产品创新设计的影响。

第七章重点分析了信息技术融入产品创新设计的可能性与必要性。阐述了信息技术融入产品创新设计的潜在机会和优势。同时，强调了信息技术融入产品创新设计的必要性，以满足用户需求和提升产品竞争力。

第八章详细介绍了信息技术融入产品创新设计的具体实践。从需求分析与技术评估开始，逐步展开创意生成与原型开发，最终涉及数据分析与制造生产。同时，也强调了上市推广与持续反馈的重要性，以保证产品的成功推出和持续改进。

第九章探讨了信息化的产品创新设计需要以可持续发展为前提。介绍了可持续发展的意义和价值，以及其在产品创新设计中的重要性。进一步分析了践行可持续性产品创新设计观念的路径。

最后一章为总结与展望部分，对全书的内容进行总结，并展望了信息技术在产品创新设计领域的未来发展趋势。

本书旨在为读者提供关于产品创新设计中信息技术的应用与发展的研究，探讨相关领域的理论和实践问题。希望本书的研究能够帮助相关领域的专家和学者进一步深入了解产品创新设计与信息技术的关系，并在实践中应用相关理论和方法，推动产品创新设计的发展和创新。

目 录

第一章　研究背景及意义

第一节　研究背景

一、信息技术在各个领域中的应用已经成为一种趋势

当代社会，人们正处于一个被信息技术深度渗透，且与之紧密联系的时代。在每个领域中，无论是医疗、教育、娱乐、交通还是通信，信息技术都发挥着重要的角色，引领着前所未有的变革。在这个大趋势之下，产品创新设计，作为现代企业最关注的领域之一，自然也不例外。

数据与信息已成为现代社会的基石。信息技术以其独特的力量，推动着社会的快速发展，也在日益改变着人们的生活。在产品创新设计中，信息技术应用的重要性更是不言而喻。为了满足多样化、个性化的市场需求，提高生产和服务的效率和质量，现代企业越来越倾向于将信息技术深度融入产品创新设计的全过程。

具体来看，信息技术首先可以为产品创新设计提供大量、实时、准确的数据，为设计决策提供强大的依据。通过收集和分析市场信息、用户需求、产品使用情况等数据，企业可以迅速、准确地了解市场动态、洞察用户需求，从而进行有针对性的产品设计。其次，信息技术可以极大地提高产品设计的效率。传统的产品设计过程中，从概念设计、详细设计、制造、测试到上市，各个环节之间的信息传递和协调往往耗时

耗力。而通过信息技术，这些环节可以高效、流畅地链接在一起，大大减少了产品设计的时间、提高了市场反应速度。此外，信息技术在产品创新设计中还能发挥无法替代的作用。例如，通过大数据分析，企业可以发现用户需求的深层次模式，为创新设计提供启示；通过虚拟现实（VR）和增强现实（AR）技术，设计师可以模拟产品的实际使用情况，提高设计的准确性和实用性；通过人工智能（AI）技术，企业可以实现产品的智能化，提升用户体验。

总之，信息技术在各个领域中的应用已经成为一种趋势，产品创新设计也正被这股潮流淹没。未来，随着信息技术的进一步发展和深化，它在产品创新设计中的作用将会更加明显和重要。

二、信息技术在产品创新设计中的应用已经取得了显著的成果

信息技术在产品创新设计中的广泛应用不仅推动了设计理念的革新，也在实践中取得了瞩目的成果。现今的设计师们，已经不再仅仅依赖于手稿和实体模型，而是借助计算机辅助设计（CAD）等高科技工具，将设计思维具象化，进一步提升设计效率和精度。具体来说，计算机辅助设计技术能够使设计师在三维空间中快速建立产品的模型，实现设计的数字化和可视化。这使得产品设计的过程大幅缩短，更加精确，可以快速地迭代和优化设计方案，大大提高了生产效率和产品质量。与此同时，计算机辅助制造（CAM）技术也使得产品从设计到制造的过程更为流畅和高效。通过 CAD/CAM 系统，设计师和工程师可以共享信息，实现设计和制造的无缝对接，减少误差，提高生产效率。在数据分析和人工智能技术的加持下，产品创新设计的效率和精度也得到了前所未有的提升。人工智能和机器学习（ML）的应用，使得产品创新设计在理解和预测用户需求上更加精准。这些技术可以处理大量的数据，从中学习和发现规律，预测和识别新的设计趋势和需求，为设计决策提供科学的依据。这种数据驱动的设计方法，使得设计师们能够从海量的信息中，发现并捕

捉到微妙的用户需求变化，及时调整产品设计，使其更好地满足用户的期待。AI 和 ML 的应用，还能使产品具备更智能的功能，如自动适应用户的使用习惯，提供更个性化的服务，从而提高用户体验。还有一些新兴的技术，如虚拟现实、增强现实和物联网（IoT），也在产品创新设计中发挥了重要的作用。例如，VR 和 AR 可以在设计初期就模拟产品的使用情景，帮助设计师更深入地理解用户的需求和体验；IoT 则使得产品能够与环境和其他设备进行智能互动，提供更加丰富和方便的功能。

第二节 研究目的

一、了解信息技术在产品创新设计中的应用现状

在当今这个信息爆炸的时代，了解信息技术在产品创新设计中的应用现状，是我们理解现代产品设计环境、推动设计创新、满足市场需求的关键步骤。我们计划通过对这一主题的深入研究，对信息技术在产品创新设计领域的实际应用进行全面的调研，以揭示信息技术在当前社会对产品创新设计的重要作用，以及预测其未来可能的发展趋势。具体而言，首先，我们希望通过对不同行业和领域的信息技术应用进行深度研究，来探索信息技术在产品创新设计中的实际应用范围。例如，在医疗、教育、娱乐、交通等领域中，信息技术如何帮助产品设计者进行更有效、更高效的设计工作？信息技术是如何影响这些行业产品设计的形式和内容的？其次，我们将深入探讨信息技术在产品创新设计中的应用方式。不同的信息技术，如计算机辅助设计、人工智能、虚拟现实、增强现实、大数据、物联网等，它们在产品设计过程中扮演着怎样的角色？它们是如何与设计师的创新思维相结合，推动产品设计的？最后，我们也会对信息技术在产品创新设计中的效果进行评估。在产品创新设计的各个环

节中，从概念构思、设计开发、生产制造到市场营销，信息技术是如何提高设计的效率、减少成本、提升产品质量和用户体验的？信息技术带来的效益和价值是怎样的？

通过对这些问题的深入研究，期望能对信息技术在产品创新设计中的应用现状有更深入、更全面的理解，为未来的产品设计提供指导和启示，推动信息技术在产品设计领域的深度融合和广泛应用。同时，这也将有助于相关行业从业者理解信息技术在未来社会发展中可能扮演的角色，预测其对社会、经济和生活的深远影响。

二、研究信息技术对产品创新设计的推动作用

信息技术对产品创新设计的推动作用是一个深度且有价值的研究主题，其影响和价值表现在多个层面和环节。在现代社会，信息技术已经成为产品创新设计的核心驱动力，它不仅对设计思维、设计效率、设计空间以及用户体验产生了深远影响，也为产品设计带来了全新的创新可能。

本书将对信息技术对创新思维的推动作用进行深入研究。在信息技术的影响下，设计师们已经从传统的线性思维方式，转变为更开放、更活跃、更多元的网络式思维方式。

本书会研究信息技术在提高设计效率方面的贡献。例如，计算机辅助设计、三维建模、虚拟原型等信息技术，它们是如何减少设计的时间和成本、提高设计的精确性和质量，从而提升整个设计过程的效率和效果的？此外，本书也会探讨人工智能、机器学习等先进技术是如何通过自动化和智能化的方式，协助设计师进行复杂的计算和分析，优化设计的决策过程，以进一步提升设计效率的。

本书还将关注信息技术在拓展设计空间方面的作用。如今，信息技术不仅将产品设计的空间从物理空间拓展到了虚拟空间，还使产品设计的时间和地点变得更加灵活和自由。设计师可以通过云计算、虚拟现实、

增强现实等技术，进行远程协作设计，进行模拟试验和体验，创造出超越物理界限的新型产品。

三、分析信息技术在产品创新设计中的挑战与发展趋势

分析信息技术在产品创新设计中的挑战与发展趋势是本书研究的重要目标之一。这个目标意味着我们需要具有深入的洞察力和前瞻性的视角，去解析复杂的现象、预测未来的变化，以助力产品创新设计在信息技术的推动下做出符合时代发展的调整。

挑战的分析是解决问题的基础。我们需要从技术、人才、管理等多个角度，去深入探究产品创新设计在采用信息技术过程中可能面临的困难和阻碍。例如，新的技术是否带来了额外的复杂性？我们是否拥有足够的专业技术人才去驾驭和应用这些新技术？以及，管理和协调信息技术与产品设计过程的并行运作是否出现困难？这些问题的解答将有助于我们更全面地理解信息技术与产品创新设计的实际结合过程，并找到克服这些困难的有效策略。

发展趋势的分析是引领未来的灯塔。我们需要关注并研究诸如人工智能、物联网、虚拟现实等新兴信息技术在产品创新设计中的应用前景和可能性。这不仅包括这些技术本身的发展趋势，还需要关注这些技术如何影响产品设计理念的转变、设计过程的创新，以及设计结果的多样性。这样的研究将有助于我们预见并应对未来可能的变革，以在变幻莫测的信息时代中把握主动。

通过挑战和发展趋势的双向分析，我们将能够更清晰地认识信息技术在产品创新设计中的真实角色和影响，也将能够为产品设计者、研究者和决策者提供有价值的参考和启示，使他们能够在信息技术的浪潮中找到适合自己的发展道路，实现产品创新设计的持续优化和提升。

四、提出信息技术在产品创新设计中的应用策略

确定信息技术在产品创新设计中的应用策略是本书研究的重要目标之一。这个目标要求我们从实践角度出发，结合对现状、挑战和发展趋势的深入理解，提出切实可行的策略和建议，以引导和推动信息技术在产品创新设计中的更好应用。这样的应用策略需要全方位地考虑技术、人才、管理等多个关键因素。我们不仅需要关注技术选择和使用的合理性，也要考虑如何通过教育和培训提升人才的技术素养，以及如何通过优化管理机制确保技术和设计的有效整合。这样，我们才能构建一个从内到外都能够支持信息技术应用的全面体系。应用策略也需要具有前瞻性和灵活性。在不断变化的信息技术环境下，我们需要具备前瞻性，提前预见和适应新技术的发展，以免被快速变化的环境迫害。同时，我们也需要保持策略的灵活性，能够根据实际情况和需求随时调整和优化策略，以达到最佳的应用效果。

此外我们还需要注意，提出的策略不能仅仅停留在理论层面，而应该具备可操作性，能够在实践中被实施和验证。只有这样，我们的研究成果才能真正对产品创新设计的实践产生实质性的影响，推动产品设计的持续创新和升级。

总的来说，通过深入研究和提出信息技术在产品创新设计中的应用策略，我们将能够更好地指导和推动信息技术在产品设计过程中的实际应用，帮助企业和设计者更好地应对挑战、抓住机遇，提升产品创新设计的质量和效率。

第三节　研究意义

一、推动产品创新设计的进步

推动产品创新设计的进步是本书研究的重要意义之一。这意味着我们将致力于探索信息技术如何促进产品创新设计的发展，并通过具体实证研究揭示其在这一过程中的重要作用。我们的研究将集中在现实生活中的具体应用，以便使理论与实践紧密结合，产生实际影响。

在当前的社会背景下，信息技术的广泛应用已经改变了我们生活的方方面面，产品创新设计作为信息技术的重要应用领域之一，也随之发生了深刻的变化。因此，推动产品创新设计的进步对于理解这一趋势，甚至塑造未来具有重要的意义。这不仅对于产品设计师和企业有实际的参考价值，还有助于公众更好地理解产品创新设计的重要性和未来走向。

为了实现这一目标，本书将深入探讨信息技术如何帮助产品设计师更好地理解用户需求，提高设计效率，提供更丰富的设计可能性，以及如何帮助企业更好地管理产品创新设计过程。我们将探索如何将这些理论应用到实践中，以促进产品创新设计的进步。此外，我们还将关注到信息技术在推动产品创新设计进步的过程中可能遇到的挑战，包括技术难题、人才培养、知识产权保护等问题，并尝试提出解决方案。这将有助于我们全面理解信息技术在产品创新设计中的作用，以及如何更好地利用它来推动产品创新设计的进步。

二、提高设计效率与质量

提高设计效率与质量是本书研究的重要意义之一。这项研究通过详尽探讨信息技术如何在产品创新设计过程中发挥作用，以期提供理论依据和实践建议，以助力提高设计工作的效率和结果的质量。

在现代社会，设计工作的复杂性与日俱增。与此同时，市场对产品设计的质量和效率也有着越来越高的期待。为了应对这些挑战，设计师和企业需要利用信息技术的力量（如数据分析、人工智能和虚拟现实等）以更加高效、准确地进行设计工作。

具体来说，信息技术可以帮助设计师进行精确的模拟和预测，使其能够在早期阶段发现可能的问题，从而避免后期的修改，大大提高了设计效率。同时，通过对大量数据的分析，设计师可以更深入地了解用户需求和市场趋势，从而提高设计的质量，使其更符合市场需求。此外，本书还将关注信息技术在提高设计效率和质量方面的最新发展和趋势，如人工智能、云计算和大数据等新技术的应用。这些新技术为设计工作带来了更多可能性，也对设计师提出了新的要求。

总之，本书通过深入研究信息技术在产品创新设计中的应用，尝试提出切实可行的策略和方法，以期提高设计效率与质量，从而为整个设计行业的发展作出贡献。

三、拓展设计空间与创新思维

拓展设计空间与创新思维是本书研究的重要意义之一。本书旨在阐述和分析信息技术如何打开产品创新设计的新维度，激发和释放创新思维。

随着科技的日新月异，信息技术不断引领和推动各行业向前发展。在产品创新设计领域，信息技术的引入开辟了全新的设计空间，如虚拟现实和增强现实技术的运用，让设计师能够进行更有深度的设计模拟和体验；大数据和人工智能的应用，使设计师能够洞察消费者需求，预见行业趋势，提前进行创新设计。这些新的设计空间和工具，丰富了设计师的创新思维，激发了他们的创造力和探索精神。

然而，同时也需要意识到，拓展设计空间与创新思维并非自动发生，它需要深入研究信息技术和设计实践的结合点，发现和理解其中的关联性，从而才能有效地利用信息技术，释放创新思维。对此，本书试图通过深入的研究和探讨，为设计师和企业提供实用的理论指导和实践策略。

综上所述，本书揭示信息技术在拓展设计空间和创新思维方面的作用，这对于推动产品创新设计的发展、培养具有创新思维的设计师具有重要意义。

四、优化用户体验与满足市场需求

优化用户体验与满足市场需求是本书研究的重要意义之一。本书深入探索和阐述了信息技术在改善用户体验和满足市场需求方面的核心作用。

我们身处一个用户体验至关重要的时代，无论是实物产品还是数字服务，提供优质的用户体验已经成为吸引和保留用户的关键因素。在这样的背景下，信息技术如何提高用户体验，满足日益复杂和个性化的市场需求，成为一项重要的研究议题。

通过数据分析和机器学习，设计师可以深入理解用户需求，预测用户行为，实现个性化的产品设计；通过虚拟现实和增强现实等技术，设计师可以为用户提供更为丰富和生动的交互体验；通过物联网和云计算等技术，设计师可以实现产品的智能化和连通性，提供更为便捷和智能的服务。此外，通过信息技术，企业可以对市场需求进行精准把握，及时调整和优化产品设计，以满足市场的快速变化。同时，信息技术的高效性和自动化特性也有助于提高设计效率、缩短产品上市周期、提高企业的市场反应速度。

因此，通过本书的研究，我们能更深入理解信息技术在优化用户体验和满足市场需求方面的关键作用，为产品创新设计提供有效的理论依据和实践指导。这将对推动产品创新设计的理论研究和实践应用产生深远影响。

五、面对挑战与把握发展机遇

更好地面对挑战与把握发展机遇是本书研究的重要意义之一。本书探索信息技术在产品创新设计中的应用，在此过程中，我们必然遇到诸多挑战，例如技术的瓶颈、人才的匮乏、管理的困难、市场的不确定性等。对于这些挑战，我们需要有深入的理解和应对策略。本书通过对这些挑战进行系统的分析和研究，提出了具体的应对策略和解决方案，帮助我们更好地面对这些挑战，从而促进信息技术在产品创新设计中的应用和发展。

随着科技的快速发展，新的技术、新的应用和新的机遇不断出现。例如，人工智能、物联网、虚拟现实、增强现实等新兴技术，为产品创新设计提供了新的可能性和机遇。然而，如何把握这些机遇，如何利用这些新兴技术推动产品创新设计的发展，也需要我们有深入的理解和探索。本书通过对这些新兴技术和机遇的深入分析和研究，提出了具体的发展方向和应用策略，帮助我们更好地把握这些发展机遇，推动产品创新设计向更高层次、更广范围和更深水平发展。

总的来说，本书的研究不仅有助于我们更好地理解和应对信息技术在产品创新设计中的挑战，也有助于我们更好地把握和利用信息技术带来的发展机遇。这将对推动产品创新设计的理论研究和实践应用产生深远影响。

第四节　研究方法

一、文献研究法

在本课题的研究过程中，文献研究法起到了关键性的作用。文献研究法是一种通过阅读、分析和解释相关文献资料，收集数据、获取知识、发现规律和提出问题的研究方法。这种方法对于理解和解释现象、发展理论，以及评估和改进实践都是非常有用的。

本书利用文献研究法从三个方面探讨了信息技术在产品创新设计中的应用与发展。

第一，对大量的书籍、期刊文章、报告、论文等文献进行系统的阅读和分析，以了解信息技术的发展历程、当前状态、主要技术、应用领域和趋势，特别是在产品创新设计领域的应用和影响。

第二，对各种理论、模型、方法和案例进行深入的研究和比较，以揭示信息技术如何促进产品创新设计的过程、策略、工具和效果，以及其潜在的问题和挑战。

第三，对各种研究数据和统计结果进行详细的解读和评估，以验证和量化信息技术对产品创新设计的影响，如提高设计效率、加快产品迭代、提升生产能力、增强创作能力等。

基于以上的研究和分析，提出了一系列理论观点、策略建议和实践建议，以推动信息技术在产品创新设计中更深入、更有效的应用。

这种文献研究法的应用，使得研究具有更广泛的视野、更深入的理解和更准确的判断，也为后续的研究和实践提供了丰富的资源和有价值的参考。

二、实证研究法

在本书的研究中，实证研究法发挥了核心作用。实证研究法是一种基于观察和实验来收集和解析数据的科学方法。它注重对现象的客观描述和解释，对假设和理论的验证和修正，以及对方法和效果的评估和改进。本书运用实证研究法来探索和验证信息技术在产品创新设计中的应用和影响。

通过对真实的产品创新设计案例进行深入的观察和分析，研究者可以直观地理解和描述信息技术在设计过程中的实际应用，以及它们对设计效果的具体影响。

通过设计和执行一系列的实验或实践，研究者可以控制和测试不同的信息技术，比较它们对产品创新设计的不同效果，从而评估和比较各种技术的优势和局限。

通过收集和分析大量的实证数据，如设计师的反馈、产品的性能指标、市场的反应等，研究者可以量化信息技术对产品创新设计的各种影响，如提高设计效率、加快产品迭代、提升生产能力、增强创作能力等。

基于以上的实证研究，研究者可以验证和修正关于信息技术在产品创新设计中的应用和影响的假设和理论，也可以发现和提出新的问题和假设，进一步推动研究和实践的深入和发展。

三、案例研究法

在本书中，使用了案例研究法作为其主要的研究方式之一。案例研究法是一种科研方法，通过深入、全面地研究某一特定现象或个案，揭示其特性、规律和机理，得出通用的理论和方法。在此研究中，案例研究法被用于探讨和理解信息技术在产品创新设计中的具体应用和效果。这种方法包括以下步骤。

（一）案例选择

研究者选择一系列具有代表性的案例，这些案例可以涵盖不同类型的产品、不同领域的设计，以及不同阶段的信息技术。

（二）案例分析

研究者对每个案例进行深入的分析和讨论，包括产品的设计过程、使用的信息技术、达成的效果等方面。通过分析，研究者可以了解和揭示信息技术在产品创新设计中的具体应用和作用。

（三）案例比较

研究者通过比较不同的案例，可以找出信息技术在不同情境中的相似性和差异性，以及影响其效果的关键因素。这种比较可以帮助研究者理解和解释信息技术的普遍性和特殊性。

（四）案例总结

基于案例分析和比较，研究者可以总结和提炼出关于信息技术在产品创新设计中的应用和发展的一般性规律和方法，以及对未来研究和实践的启示和建议。

第二章　产品设计概述

第一节　产品

一、产品的定义

产品是指经过设计、制造和交付的物质或服务，以满足人们的需求、解决问题或提供价值的实体。产品可以是有形的物品，如电子设备、家具、汽车等，也可以是无形的服务，如咨询、教育、医疗等。

产品的关键要素在于以下三方面。第一，产品是经过设计的。产品的设计是为了实现特定的功能、满足特定的需求或达到特定的目标。设计包括产品的外观、结构、性能、功能等方面的规划和确定，以确保产品能够在预期的使用环境中发挥作用。第二，产品是经过制造的。制造是将设计方案转化为实际的产品的过程，包括原材料的加工、组装、生产工艺的运用等。制造的目标是高效地生产出具有一致性和质量的产品，以满足市场需求。第三，产品是经过交付的。交付是将产品提供给最终用户或消费者的过程。交付可以通过销售渠道、在线平台、物流等方式进行。交付的目的是将产品提供给用户，使其能够享受产品所提供的价值和功能。

产品的核心是满足人们的需求、解决问题或提供价值。产品的存在是为了满足人们对特定功能、性能、体验或效益的需求。产品的设计和制造过程旨在实现这些需求，并通过交付将其传递给用户。

总结起来，产品是经过设计、制造和交付的物质或服务，旨在满足人们的需求、解决问题或提供价值。产品通过设计实现特定功能和性能，通过制造生产出具有一致性和质量的实体，通过交付将其提供给最终用户。产品的定义关注于其设计、制造、交付过程，以及产品所提供的功能、性能和价值。

二、产品的特点

产品的特点包括有用性、可交付性、可变性、生命周期性、创新性、用户体验性等多方面，它们直接影响产品的市场竞争力、用户满意度和品牌形象等。因此，深入了解和把握产品的特点对于成功的产品创新和营销策略至关重要。产品的特点如图 2–1 所示。

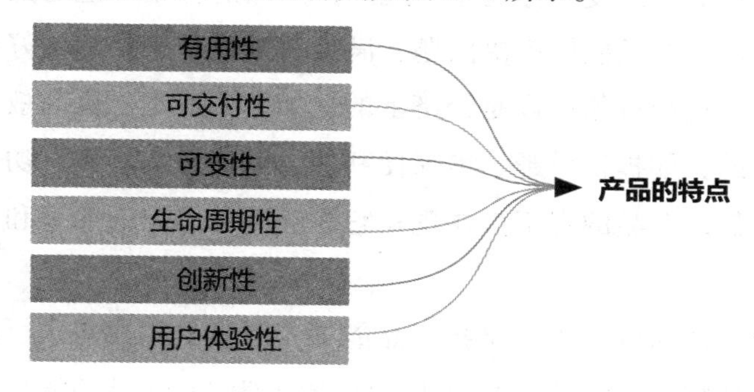

图 2–1 产品的特点

（一）有用性

产品的有用性是指产品能够实际满足人们的需求、解决问题或提供有意义的价值。有用性是产品成功的基础，它体现了产品与用户之间的关系和互动。

产品的有用性源于对用户需求的理解和把握。在产品设计之初，深入了解目标用户的需求是关键。通过市场调研、用户洞察和需求分析等方法，产品开发团队可以获得关于用户的期望、偏好、挑战和痛点的有价值信息。基于这些理解，产品可以被设计成能够满足用户需求的解决方案，提供实际的帮助和价值。

产品的有用性还与产品的功能和性能密切相关。产品必须具备适当的功能和性能，以实现其设计宗旨和目标。产品的功能是指产品所能执行的任务和操作，它应与用户需求紧密匹配。产品的性能则涉及产品在使用过程中的表现包括效率、准确性、稳定性等。当产品能够有效地实现既定功能并具备出色的性能时，它就能提供有用的体验和结果。

产品的有用性还与产品的易用性和便利性有关。一个有用的产品应该是易于操作和使用的，用户能够方便地掌握其功能和操作流程。良好的用户界面设计、简化的操作流程和清晰的指导说明可以提高产品的易用性、增强用户的满意度和体验感。此外，产品的有用性还与其所提供的价值紧密相连。产品能够解决问题、满足需求或带来实际的好处，为用户创造价值。这个价值可以是经济上的，如节约成本、提高效率，也可以是情感上的，如提供乐趣、增加便利性。无论是实用性、功能性还是情感性的价值，产品的有用性体现在它能够满足用户的期望和带来积极的影响。

总的来说，产品的有用性是指产品能够实际满足用户需求、解决问题或提供价值的特点。它建立在对用户需求的理解和产品功能的设计基础上，通过产品的易用性和所提供的实际价值来体现。有用性是产品成功的关键要素，对于产品的市场接受度、用户满意度和长期竞争力具有重要意义。

（二）可交付性

可交付性是指产品能够经过设计、制造和交付最终到达用户手中，使用户能够获得产品的实际使用权和享受产品所带来的好处。交付是产品生命周期的重要环节。产品的设计和制造只是产品生命周期的前期阶段，交付是产品最终面向用户的环节。通过交付，产品从概念、设计、制造的状态转变为用户可以实际使用和体验的状态。交付环节的顺利进行对于产品的商业化运作和用户满意度至关重要。交付方式多样化。随着科技和商业模式的不断发展，产品的交付方式也在不断演变。传统的交付方式可以通过零售渠道、经销商等实现产品的销售和分发。而随着互联网的普及，越来越多的产品通过线上平台进行交付，消费者可以通过电子商务平台直接购买产品。同时，物流和配送也是产品交付的重要环节，确保产品能够准时、完好地送达用户手中。

交付还需要考虑用户体验和便利性。用户希望能够方便地获得所购买的产品，并在适当的时间和地点进行交付。因此，提供便捷的交付服务（如快速配送、灵活的交货选项和良好的售后服务）可以提升用户的满意度和品牌形象。交付的过程还需要注意产品的包装和保护，以确保产品在运输和交付过程中不受损坏。同时，合理的产品说明书和使用指南可以帮助用户更好地了解和使用产品，提升用户体验。交付并不是终点，而是建立起产品与用户之间持续关系的起点。通过良好的售后服务和用户支持，产品供应商可以与用户建立长期合作关系，促进用户满意度提升和口碑传播。

综上所述，可交付性是产品的重要特点，它使用户能够获得产品的实际使用权和享受产品所带来的好处。通过多样化的交付方式、关注用户体验和便利性，以及建立良好的售后服务，产品供应商可以提高用户满意度，建立持续的用户关系，并在市场中取得竞争优势。

（三）可变性

产品具有可变性，可变性具体是指产品可以以不同的变体和配置形式存在，以适应不同用户的需求和偏好。产品的可变性体现在多个方面，包括型号、规格、颜色、尺寸、功能等方面的差异。

1. 产品的可变性提供了不同选择和适应性

产品的可变性提供了不同选择和适应性。不同用户有不同的需求和偏好，产品的可变性使得供应商能够提供多个选项来满足用户的多样化需求。例如，手机厂商会推出不同的型号和配置，以满足用户对于屏幕尺寸、内存容量、相机性能等方面的不同需求。这样的可变性使得用户能够根据自身需求做出最合适的选择，以提高用户满意度和扩大产品的市场覆盖范围。

2. 产品的可变性提供了个性化和定制化的机会

产品的可变性提供了个性化和定制化的机会。随着用户需求的多样化和个性化趋势，产品的可变性允许用户根据自身偏好和需求定制产品的特定属性。例如，汽车制造商可以提供多种颜色、内饰和配置选项，让用户根据自己的喜好来选择。这种个性化和定制化的可变性增加了产品的个性化体验和与用户之间的情感链接、增强了用户对产品的认同感和忠诚度。

3. 产品的可变性为市场细分和定位提供了机会

产品的可变性为市场细分和定位提供了机会。通过针对不同细分市场的需求进行产品差异化和特化设计，企业能够更好地满足目标用户的需求，建立竞争优势。产品的可变性使得企业能够精确地定位目标市场，并提供与之匹配的产品变体，满足市场的多样化需求，提高产品的市场竞争力。

4. 产品的可变性带来了管理和供应链的挑战

产品的可变性带来了管理和供应链的挑战。提供多样化的产品变体需要企业具备灵活的生产和供应链管理能力，以保证各种变体的生产和交付的效率和质量。同时，产品可变性还需要平衡成本和效益，确保提供不同变体的可行性和经济性。

综上所述，产品的可变性使得产品能够以不同的变体和配置形式存在，以适应不同用户的需求和偏好。可变性提供了多样选择、个性化定

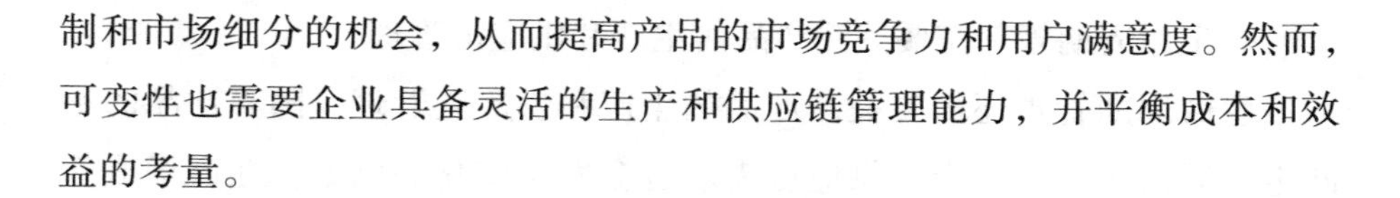
制和市场细分的机会，从而提高产品的市场竞争力和用户满意度。然而，可变性也需要企业具备灵活的生产和供应链管理能力，并平衡成本和效益的考量。

（四）生命周期性

产品的生命周期性是指产品从设计、制造到“退役”的整个过程，涵盖了产品在市场中不同阶段的发展和变化。产品的生命周期性质决定了其在市场上的表现和竞争力。

1. 产品的生命周期包括不同阶段的市场发展

产品的生命周期包括不同阶段的市场发展。首次引入市场的阶段称为市场引入期，此时产品处于推广和市场认知阶段，销售量通常较低。随着市场认知度的提高，产品进入成长期，销售和市场份额逐渐增长。在成熟期，市场饱和度较高，竞争加剧，产品的增长速度放缓。最后，产品进入衰退期，销售量下降，市场需求减少，可能被更先进的产品取代。

2. 生命周期管理旨在延长产品的市场寿命和提高产品的竞争力

生命周期管理旨在延长产品的市场寿命和提高产品的竞争力。通过合理的产品定位、市场营销和创新策略，企业可以延缓产品进入衰退期的时间、延长产品的市场寿命。同时，生命周期管理也包括了产品升级和改进，以满足市场的变化和不断提高产品的竞争力。

3. 生命周期管理还涉及产品的营销和销售策略

生命周期管理还涉及产品的营销和销售策略。在不同的生命周期阶段，企业需要调整其营销策略和销售手段，以适应市场需求的变化。在市场引入期和成长期，重点可能是市场推广、品牌建设和用户培养，而在成熟期和衰退期，企业可能需要采取不同的策略，如降价促销、差异化定位或退出市场。

4. 生命周期管理需要关注产品的生产和供应链管理

生命周期管理还需要关注产品的生产和供应链管理。随着产品的不同生命周期阶段，生产和供应链需求也会发生变化。例如，在市场成熟期，需求量可能更稳定，而在市场引入期可能需要更灵活的生产和供应能力来满足市场变化。

（五）创新性

产品具有创新性，产品的创新性是产品发展和市场竞争的重要驱动力。产品创新可以包括技术创新、设计创新、功能创新等方面，通过引入新的概念、技术和功能，满足用户的新需求和市场的变化。创新性使得产品能够不断适应变化的市场需求并取得竞争优势。产品的创新性可以体现在多个方面。

技术创新是产品创新的重要方向之一。通过引入新的技术和工艺，产品可以获得更高的性能、更好的功能以及更先进的用户体验。技术创新可以涉及硬件、软件、材料等方面，推动产品的发展和突破。智能手机的不断演进，从功能手机到智能手机的转变是技术创新的典型案例。

设计创新也是产品创新的重要方面。设计创新涉及产品的外观、结构、人机交互等方面，通过独特的设计语言和创新的设计理念，使产品在市场中具有差异化和竞争力。设计创新可以提升产品的美感、舒适度和用户体验，塑造产品的品牌形象和用户认同感。例如，苹果公司以其独特的产品设计和用户界面而闻名。

功能创新也是产品创新的关键要素之一。功能创新指的是为产品增加新的功能或改进现有功能，以满足用户的新需求和市场的变化。通过引入新的功能，产品可以提供更多样化、个性化的选择，增加产品的使用价值和竞争优势。例如，智能家居产品的功能不断扩展，从智能灯泡到智能音箱、智能家电等，满足了用户对智能化生活的需求。

需要注意的是，创新性不仅仅体现在产品本身，还可以体现在商业模式、市场营销和服务创新等方面。通过创新的商业模式，企业可以在市场中寻找新的商机和增长点；通过创新的市场营销策略，企业可以与用户建立更紧密的联系和品牌关系；通过创新的服务模式，企业可以提供更个性化、便捷的服务，以增强用户体验，提高忠诚度。

（六）用户体验性

用户体验性是产品的重要特点之一，它关注用户与产品之间的互动和感知。一个好的用户体验可以提高用户对产品的满意度、品牌形象和忠诚度。其中，用户界面是用户与产品进行交互的关键接口，直接影响用户体验。产品的界面设计应该简洁、直观，并符合用户的习惯和期望。良好的用户界面可以使用户更轻松地操作产品、获得所需信息，并减少使用过程中的困惑和错误。易用性是用户体验的重要方面。产品应该具备良好的易用性，即用户可以轻松理解和操作产品，无须太多的学习和努力。产品的功能布局应合理、操作流程应简化、使用说明应清晰明了。通过提供简单、直接和直观的用户体验，可以降低用户的认知负荷，提高产品的可用性和用户满意度。舒适性是用户体验的另一个关键要素。产品的设计应考虑用户的舒适感受，包括产品的人体工学设计、材料选择和使用环境的适应性等。例如，对于长时间使用的产品，舒适的手感和符合人体工程学原理的设计可以减轻用户的疲劳感，并提高产品的可接受度和用户满意度。此外，用户体验性还包括产品的性能和功能的满足程度。产品的性能应符合用户的期望和需求，能够提供所需的功能和效果。同时，产品的性能和功能应稳定可靠，能够持续满足用户的需求。通过提供出色的性能和功能，产品可以提高用户的满意度和忠诚度。

三、产品的类别

产品的类别是多种多样的，其分类方式取决于许多因素，如功能、用途、用户群体、销售方式等。每个类别下还有更多的细分类别，且随着科技和社会的发展，会有新的产品类别出现。在此处，我们将产品主要归纳为两种大类，即有形产品和无形产品，在这两类产品之下，有诸多细分类别（部分细分类别的产品会存在“交叉”和“重叠”，这取决于不同产品的多重属性）。

（一）有形产品

有形产品是指那些物质存在，可以触摸、看见、嗅到、听到或尝到的产品。它们通常具有固定的形状和大小，可以在物理空间中移动和存储。有形产品的分类非常广泛。

有形产品的设计、生产、分销和销售涉及众多的决策和过程。例如，产品的设计需要考虑功能性、美观性、耐用性等因素；生产过程需要管理物料采购、生产调度、质量控制等；分销和销售则需要考虑定价、物流、市场推广等。此外，有形产品还需要考虑售后服务和产品回收等问题。例如，电子产品可能需要提供修理服务，一些耐用品（如汽车和电器）在使用寿命结束后还需要进行废弃物处理和资源回收。

1. 耐用品

耐用品是指使用寿命较长的产品。耐用品的生产和销售需要考虑一些特殊的因素。首先，由于这些产品的购买周期长，消费者在购买时通常会更加关注产品的质量、品牌、售后服务等因素。其次，由于耐用品的价格通常较高，消费者可能需要通过分期付款或贷款等方式购买。此外，耐用品在使用结束后通常需要进行回收和处置，这也是生产商需要考虑的问题。它们可以承受一段时间的使用而不会迅速损耗或失效。例如，家电、家具、汽车和其他交通工具、电子设备、工具和设备等。

（1）家电。家电包括冰箱、洗衣机、电视、烤箱、空调等，这些产品通常设计用于多年的使用。它们在家庭中起到重要作用，提供了便利的生活服务。

（2）家具。家具包括桌子、椅子、床、衣柜等。这些产品在使用时不会损耗，只有在过度使用或受到损害时才需要更换。

（3）汽车和其他交通工具。汽车和其他交通工具包括轿车、卡车、摩托车、自行车等。这些产品的使用寿命通常非常长，但需要定期维护和检修。

（4）电子设备。电子设备包括电脑、平板电脑、手机等。尽管这些产品的技术更新迭代速度很快，但它们本身的使用寿命通常也相当长。

（5）工具和设备。工具和设备包括锤子、钻头、电锯、厨房器具等。这些工具在使用过程中并不会消耗，只有在使用不当或磨损严重时才需要更换。

2. 非耐用品

非耐用品是那些使用寿命短，经常需要替换的产品。非耐用品的生产和销售有其特殊的挑战和机遇。首先，由于非耐用品需要频繁购买，因此消费者对这些产品的价格和便利性特别敏感。其次，这些产品的包装设计也非常重要，因为它们需要保持产品的新鲜度和完整性，同时也需要吸引消费者的注意。另外，由于非耐用品的消费频率高，品牌忠诚度对于消费者的重购行为有重要影响。而且由于非耐用品的消费造成的环境问题（例如塑料污染）日益严重，许多制造商和消费者开始寻求更环保的替代品，如使用可生物降解的包装，或推广重复使用的产品。

（1）食品和饮料。食品和饮料产品的使用寿命特别短，一旦打开或准备好就需要立即消费。这包括新鲜食品如蔬菜、水果、肉类，加工食品如饼干、薯片，以及各种饮料。

（2）个人护理产品。个人护理产品在使用后会消耗，如洗发水、沐浴露、牙膏、剃须膏、化妆品等。

（3）家庭清洁产品。家庭清洁产品包括洗涤剂、清洁剂、抹布等，这些产品在使用一段时间后就需要替换。

（4）一次性产品。一次性产品包括纸巾、塑料袋、一次性餐具等，这些产品设计为使用一次后就丢弃。

3. 消费品

消费品是为最终消费者设计的产品，以满足他们的个人需求或家庭需求。这类产品的分类非常广泛。需要明确的是，消费品的生产和销售具有其独特性。首先，这些产品需要直接面向消费者，因此需要对消费者的需求和喜好有深入的理解。其次，消费品的品牌和市场推广也非常重要，因为消费者在购买这些产品时往往会受到品牌影响。而且由于消费品的种类和数量庞大，产品的定位、差异化和细分市场策略也是成功的关键因素。

（1）必需品。必需品是我们日常生活中不可或缺的产品，例如食品、个人护理产品（如牙膏、肥皂）和家庭必需品（如洗衣液、纸巾）。

（2）奢侈品。奢侈品是非必需的产品，但能提供更高的生活质量或享受。奢侈品通常价格较高，包括高端手表、名牌服装、昂贵的珠宝等。

（3）服装和配饰。服装和配饰包括各种类型的衣服、鞋子，以及帽子、手套、围巾、眼镜等配饰。

（4）电子产品。电子产品包括电视、计算机、手机、平板电脑以及其他各种家用电子设备和个人电子设备。

（5）娱乐和休闲产品。娱乐和休闲产品包括书籍、音乐、电影，以及各种体育用品和游戏设备。

（6）健康和美容产品。健康和美容产品包括各种保健品、化妆品、香水、个人护理设备（如电动牙刷、剃须刀）等。

4. 工业品

工业品是指用于生产其他商品或提供服务的商品。它们通常不直接进入消费者市场，而是成为其他产品的组成部分或用于提供服务。

（1）原材料。原材料是生产其他商品的基础，如钢铁、化工原料、木材、石油、棉花等。它们经过进一步加工变成其他产品。

（2）组件和部件。组件和部件是生产其他产品的必要组成部分，如电子元件、汽车零件、机器零件等。

（3）生产设备和机器。生产设备和机器是用于生产其他商品或提供服务的设备和机器，如生产线设备、农业机械、建筑设备、矿业设备等。

（4）商业服务和设施。商业服务和设施是用于提供服务的设备或设施，如计算机硬件和软件、办公设备、交通工具、仓储设施等。

（5）半成品。半成品是在生产过程中的产品，需要进一步加工才能成为最终产品。例如，在电子行业，一块未经装配的电路板可以被视为半成品。

（二）无形产品

无形产品指的是那些不具有物质形态的产品或服务，它们不能被触摸或抓住，但能满足消费者的某种需要或欲望。由于无形产品的特性，消费者在购买时可能难以评估其价值，因此信任和声誉对于销售成功非常重要。许多无形产品（如服务和数字产品）的生产成本主要集中在开发阶段，而分发和复制的成本非常低，这可能导致强烈的价格竞争和市场集中度高。此外，无形产品的保护和法律问题也是需要注意的重要问题，如知识产权的保护、隐私权的保护等。

1. 服务

服务是无形产品的一个主要类型，它包括提供给消费者的各种专业或技术服务。例如，医疗服务、银行和金融服务、教育和培训服务、咨询服务、旅游和酒店服务等。服务的特点是与提供者的个人技能和知识密切相关，且消费者在购买时往往不能预先了解其具体内容和效果。

（1）专业服务。专业服务依赖于提供者的专业知识和技能。例如，法律咨询、医疗服务、会计服务、市场研究、IT 咨询等。专业服务的质量和效果往往依赖于提供者的资质、经验和专业技能。

（2）金融服务。金融服务包括一系列涉及金钱管理的服务，如银行服务（存款、贷款）、投资服务（股票、债券、基金）、保险服务等。金融服务的特点是涉及大量的资金，消费者通常会对服务提供者的信誉和稳定性有较高的要求。

（3）教育和培训服务。教育和培训服务包括学前教育、基础教育、高等教育、职业培训、在线课程等。教育和培训服务的目标是提供知识和技能，帮助消费者实现个人发展或职业进步。

（4）旅游和酒店服务。旅游和酒店服务包括提供旅行咨询、预定、导游、住宿、餐饮等服务。旅游和酒店服务的特点是与消费者的休闲和娱乐需求密切相关，对服务的质量和体验有较高的要求。

（5）零售和电商服务。零售和电商服务包括在实体店或在线平台上销售商品的服务。除了商品本身，消费者对购物环境、购物体验、配送和售后服务等也有所期待。

2. 数字产品

随着信息技术的发展，数字产品已经成为一种重要的无形产品。这包括软件、数字音乐和电影、电子书、在线游戏、手机应用等。数字产品的特点是可以通过互联网进行分发和销售，不需要物理媒介。

（1）软件和应用程序。软件和应用程序包括各种电脑软件、手机应用程序，它们可能涵盖了从操作系统、办公软件到游戏、社交媒体等多个领域。这些产品的特点是可以直接下载和安装，不需要物理载体。

（2）数字音乐、电影和电子书。通过在线平台，消费者可以直接购买和下载音乐、电影、电子书等媒体内容。与传统的实体媒体相比，数字媒体的分发成本更低，可以更快地到达消费者。

（3）在线游戏。在线游戏是一种通过互联网进行的娱乐活动，它可以是单人游戏，也可以是多人参与的网络游戏。游戏的内容可能包括策略、冒险、模拟等多种类型。

（4）数字服务。数字服务包括云计算服务、在线数据存储、在线教育、远程医疗等各种基于互联网的服务。

（5）虚拟商品。在一些在线平台和游戏中，消费者可以购买虚拟的商品或服务，例如虚拟货币、游戏内的道具、虚拟宠物等。

3. 知识产权和许可证

知识产权和许可证是无形产品中的一个重要类别，它们为持有者提供了独特的权利和机会。知识产权和许可证的持有者可以通过许可或转让这些权利来获得收入。例如，发明者可以将其专利授权给一个制造商，而制造商则为这种使用权支付许可费。另外，这些权利也可以用来保护持有者的商业利益，防止他人无授权地复制或仿冒他们的产品或服务。

（1）专利。专利是一种给予发明者在一定时间内对其发明享有专有权的法律权利。拥有专利的个人或公司可以阻止他人在没有许可的情况下生产、销售或使用他们的发明。

（2）商标。商标是一种图形、标志或文字，用于区分一家公司或个人的产品或服务与其他公司或个人的产品或服务。商标权使得持有者可以阻止他人使用相似的标志，以避免引起消费者的混淆。

（3）版权。版权是一种保护作者对其原创作品的独立权利，包括文学、艺术、音乐、电影、软件等作品。版权所有者拥有复制、分发、出版、演出、展示和修改他们的作品的独特权利。

（4）许可证。许可证是一种法律文件，允许个人或公司进行特定的活动。例如，广播公司需要获得广播许可证，医生和律师需要专业许可证才能提供专业服务。

（5）资格认证。资格认证是证明一个人具有特定技能或知识的证书，例如医生的执业证书、教师的教师资格证、会计师的 CPA 资格证等。

4. 广告和营销活动

广告和营销活动是一种特殊类型的无形产品，它们创建和传播具有影响力的信息，以增加消费者对某一产品或服务的认知，激发其购买意愿，或者创建和塑造品牌形象。

（1）电视和广播广告。电视和广播广告是传统的广告形式，通过电视和广播媒体传播广告信息。这种形式的广告可以覆盖广泛的受众，但制作成本和播出费用通常较高。

（2）网络和社交媒体广告。网络广告是利用互联网进行的广告活动，可以通过搜索引擎广告、网页横幅广告、社交媒体广告等形式进行。这类广告的优点是可以精确地定位目标受众，并且可以轻松地追踪和测量广告效果。

（3）公关活动。公关活动是企业与公众建立良好关系的一种方式，通过发布新闻稿、举办新闻发布会、参与公益活动等方式提升公司的公众形象。

（4）销售促销活动。销售促销活动是为了刺激消费者购买行为的一种营销活动，包括打折、优惠券、赠品、买一赠一等。

（5）品牌活动。品牌活动是为了塑造和推广品牌形象，提升品牌知名度和美誉度的一种营销活动，包括品牌发布会、品牌周年庆、品牌赞助活动等。

第二节　产品设计

一、产品设计的定义

产品设计是一种复杂的、需要多种专业技能的过程，包括创新思维、用户研究、视觉设计、工程分析等。优秀的产品设计不仅能创造出满足用户需求的产品，也能为企业创造商业价值，增强其市场竞争力。

产品设计更是一个创造性的过程，它涉及对一个新产品或对一个已经存在的产品的改进进行系统化、结构化的规划和组织。它包括对产品的功能、外观、可制造性、可持续性等方面的考虑，在满足用户的需求和预期的同时考虑生产的经济性和市场的竞争性。

如今各领域各行业都处于跨界合作趋势之中，在此背景下，产品设计也是一个跨学科的领域，它涉及工程技术、人类学、心理学、艺术、商业策略等多个领域的知识。优秀的产品设计能够创造出满足用户需求、有竞争力的产品，从而为企业创造价值。

具体来说，产品设计具有如下几点要素。

（1）用户研究和市场分析：产品设计始于理解潜在用户的需求和市场趋势。这通常涉及进行市场研究、用户访谈、调查问卷等，以收集和分析数据。这个阶段的目标是识别和理解用户的需求、痛点和期望，以及了解竞争对手的产品和市场趋势。

（2）概念开发：一旦理解了用户的需求和市场环境，设计师会开始开发一系列的产品概念。这个阶段通常会生成许多不同的设计方案，并通过讨论和评估来选择最有潜力的概念。

（3）详细设计：在这个阶段，选定的设计概念将被进一步详细化和完善。设计师会确定产品的具体形状、尺寸、颜色、材料等，并进行更细致的设计，如界面设计、功能设计等。这个阶段还包括对设计的工程分析和模拟。

（4）原型制作和测试：详细设计完成后，会制作产品的原型。原型可以是物理的，也可以是数字的。原型的目的是验证设计的可行性和有效性，以及测试产品在实际使用中的性能。这个阶段通常会进行用户测试，以收集用户对产品的反馈，然后根据反馈对设计进行修改和优化。

（5）生产准备：当产品设计和原型测试完成，并得到满意的结果后，会开始准备生产。这个阶段包括选择制造商、确定生产工艺和质量控制程序、计划生产进度等。

二、产品设计的意义

产品设计是将创新、技术、市场需求、可用性和审美相结合，创造出可以解决特定问题、满足用户需求的产品的过程。其意义可以从多个维度来理解。

（一）有利于解决问题和满足需求

解决问题和满足需求是产品设计的核心意义，它反映了设计的最基本且最重要的目标，那就是创造价值。每一个设计决策，无论是功能的定义、形态的塑造，还是材料的选择，都应该以用户的需求为中心。只有深入理解用户的真实需求，才能设计出真正有用、有价值的产品，从而提高用户的生活质量，这也是产品设计最根本的使命。

设计师在设计产品时，首先需要明确产品要解决的问题。这可能涉及工作效率、生活质量、健康状况等多个方面。例如，一个办公软件的设计目标可能是提高用户的工作效率，而一个健康监测设备的设计目标可能是帮助用户更好地管理自己的健康。明确了问题，才能有针对性地进行设计。

理解用户需求的过程则需要进行深入的用户研究。设计师需要通过观察、访谈、问卷调查等多种方法，收集和分析用户的行为、态度和期望，以了解用户的真实需求。这些需求可能是显性的，也可能是潜在的；可能是功能性的，也可能是情感性的。只有深入了解用户的真实需求，才能设计出满足用户需求的产品。

设计出满足需求的产品是设计师的任务，但更重要的是创造出能够改善用户生活质量的产品。这需要设计师不仅关注产品的功能性和实用性，也要关注产品的人性化和情感价值。一个好的产品设计不仅能解决用户的问题，还能带给用户愉悦的使用体验，提升他们的生活满意度。

总的来说，有利于解决问题和满足需求是产品设计的核心意义。设计师通过深入理解用户的需求，明确产品要解决的问题，关注产品的人性化和情感价值，设计出满足需求、有价值、改善生活的产品，这是产品设计的价值所在，也是设计师的使命和责任。

（二）有利于实现产品设计驱动创新

产品设计与创新紧密相连，它在推动技术进步、满足用户需求和塑造市场动态方面都起着重要的作用。设计师在创新过程中，不仅可以创造新的产品、新的功能或新的使用方式，还可以为行业和社会带来深远的影响。

在产品设计的过程中，设计师被鼓励采用创新思维。这包括“设计思维”“系统思维”等方法，使设计师能够更全面地理解问题、更深刻地洞察用户需求，更大胆地尝试不同的解决方案。这种创新思维不仅仅是在设计新产品时的需求、它同样适用于对现有产品进行改良和优化。

在创新产品的同时，设计师也需要考虑如何将新的科技融入产品。这不仅要求设计师熟悉最新的科技发展，同时也要求他们能够理解这些科技如何改变用户的行为和需求。在这个过程中，产品设计不仅推动了科技的应用，也推动了科技的发展。同时，产品设计也会影响市场的发展。一款创新的产品可能创造出全新的市场，或者重塑现有的市场格局。例如，智能手机的出现，不仅开创了新的消费电子市场，也改变了通信、娱乐、购物等多个行业。这种市场创新不仅推动了经济的发展，也为用户带来了更多的选择和可能性。此外，产品设计还与社会创新紧密相连。设计师通过理解和挖掘社会需求，可以为社区、城市，甚至整个社会设计出有益的解决方案。这种从用户需求出发的社会创新，有力地推动了社会的进步和发展。

总的来说，产品设计是驱动创新的重要力量。它鼓励设计师采用创新思维，推动了科技和市场的发展，也促进了社会的进步。在未来，随着科技的不断发展和社会需求的不断变化，产品设计将会在驱动创新方面发挥更大的作用。

（三）有利于增强企业自身竞争优势

在日益激烈的市场竞争中，产品设计已成为企业赢得竞争优势、获得市场份额的重要工具。一个独特且高质量的产品设计可以使企业的产品与众不同，吸引消费者，赢得市场，从而使企业在竞争中脱颖而出。

优秀的产品设计可以提升产品的吸引力。设计师通过理解消费者的需求，将这些需求转化为产品的功能、外观和使用体验。这些经过精心设计的元素，能够让产品更加吸引人，从而吸引更多的消费者。

高质量的产品设计可以提升品牌形象。产品设计是企业品牌形象的重要组成部分，它不仅反映了企业的专业性和技术水平，也反映了企业的价值观和品牌精神。一个优秀的产品设计，可以让消费者对企业有更深入、更积极的认知，从而提升品牌形象。

独特的产品设计可以帮助企业获得竞争优势。在众多类似产品中，拥有独特设计的产品往往能够更吸引消费者的注意，从而使企业在竞争中占得先机。而这种竞争优势不仅可以提高企业的市场份额，也有助于提高企业的盈利能力。此外，优秀的产品设计还可以提高消费者的忠诚度。一个满足消费者需求、提供优质使用体验的产品，能够使消费者对产品产生信任和依赖，从而提高消费者的忠诚度。而消费者的忠诚度不仅可以增加产品的销售量，也可以提高企业的口碑，进一步提升企业的竞争优势。

综上所述，产品设计在增强企业竞争优势方面发挥了重要作用。通过优秀的产品设计，企业不仅可以提升产品的吸引力、提升品牌形象，还可以获得竞争优势、提高消费者的忠诚度。在未来的市场竞争中，产品设计将成为企业成功的关键因素之一。

（四）有利于优化提高用户体验

在当今的消费市场上，用户体验已经成为产品能否成功的关键因素。一个优秀的产品设计，其重点应在于如何优化和提高用户体验，使产品不仅满足功能需求，同时也易于使用，有吸引力，并能给用户带来愉快的感受。这样的产品能够增加用户的满意度、提高用户的忠诚度，从而增强产品的市场竞争力。

首先，满足功能需求是优化用户体验的基础。用户在选择产品的时候，首先考虑的是产品是否能够满足他们的实际需求。因此，设计师在产品设计过程中，需要充分理解和考虑用户的需求，以确保产品功能的设计能够满足用户的实际使用需求。这种需求可以包括实用性、性能、可靠性等方面。

其次，易用性是提高用户体验的关键。即使一个产品有很好的功能，但如果用户在使用过程中感到困难，也会降低他们的使用体验。因此，设计师在产品设计过程中，需要考虑产品的易用性，包括产品的操作流程是否清晰，功能是否易于理解和使用，用户是否能够快速掌握产品的使用方法，等等。

最后，审美吸引力也是提高用户体验的重要因素。一个设计优雅、美观的产品，能够给用户带来愉快的感受，从而提高他们的使用体验。因此，设计师在产品设计过程中，需要关注产品的视觉设计（包括颜色、形状、材料、布局等元素）以确保产品具有良好的审美吸引力。优秀的产品设计不仅能够提高用户的使用体验，也能够提高用户的满意度和忠诚度。当用户使用一款设计优秀的产品时，他们会感到满意和愉快，从而提高他们对产品的好感度和忠诚度。这样，不仅可以增加产品的销售量，还可以通过口碑推广，增强产品的市场影响力。

综上所述，优化和提高用户体验是产品设计的重要目标。通过满足功能需求、提高易用性和增强审美吸引力，优秀的产品设计能够提高用户的使用体验，提升用户的满意度和忠诚度，从而提高产品的市场竞争力。在未来，随着用户需求和审美观念的变化，产品设计将更加注重用户体验的优化和提高，以满足用户的多元化需求。

（五）有利于推动产业可持续发展

从环保角度看，产品设计也可以通过考虑产品的全生命周期，包括材料选择、生产过程、使用方式以及回收方式，以推动可持续发展。

第三节　产品设计学科及其特点

一、产品设计学科相关内容

产品设计是一门普通高等学校本科专业，属设计学类专业，基本修业年限为四年，授予艺术学学士学位。2012 年，产品设计专业正式出现于《普通高等学校本科专业目录》中。

（一）产品设计学科简介

1998 年，产品设计专业未纳入《普通高等学校本科专业目录（1998 年版）》。后续部分高校以目录外专业招生办学，如云南艺术学院于 2000 年创办产品设计专业，上海师范大学于 2002 年创办产品设计专业，郑州商学院于 2007 年创办产品设计专业。2012 年，在中华人民共和国教育部发布的《普通高等学校本科专业目录新旧专业对照表》中产品设计专业由原艺术设计专业（部分）（专业代码：050408）和原工业设计专业（部分）（专业代码：080303）合并而来。2020 年 2 月，在中华人民共和国教育部印发的《普通高等学校本科专业目录（2020 年版）》中，产品设计专业隶属于艺术学、设计学类。

产品设计专业培养德、智、体、美全面发展，适应国家现代化建设与发展的需要和国际工业产品设计专业人才的需求，具有高度社会责任感、道德修养和良好的心理素质，具备较强的创新意识、国际视野和团队协作精神的人才。毕业生应系统地掌握该专业方向所必需的基本理论知识与技能，了解与专业方向有关的科学技术新发展、文艺思潮、流行时尚、风土人情，等等；能从事工业产品设计、研究、教学、管理等方面的工作，同时也能够从事与工业产品相关的包装设计、展示设计、宣传策划、市场开发等方面的工作。

（二）产品设计学科培养规格

产品设计学科的培养规格主要包括学制与学位、素质要求、知识要求、能力要求等几个方面。

1. 学制与学位

产品设计专业基本学制为四年。四年总学时数应不低于 2600 学时；每学年学时数应为 700 学时左右，每学期学时数应为 350 学时左右；每 20 学时计 1 学分，四年总学分应控制在 160 学分之内。

学生通过学习各门课程修满总学分并毕业考核合格，可获准毕业；毕业环节完成并经院校学位委员会审核通过者，可授予艺术学学士学位。

各高校可根据专业需要及各自教学实际，适当调整基本学制及学分总数，允许学生在 3 ～ 6 年完成学业，并规定学生毕业、学位授予标准及申请学位年限。

2. 素质要求

（1）拥有优良的道德品质，树立正确的世界观、人生观、价值观，自觉践行社会主义核心价值观；

（2）具备强烈的服务社会意识、责任意识及创新意识；

（3）具备自觉的法律意识、诚信意识、团队合作精神；

（4）具有开阔的国际视野和敏锐的时代意识；

（5）在掌握产品设计专业类学科基本知识的基础上，具备较为完备的、符合专业方向要求的工作能力；

（6）有良好的表达能力、沟通能力以及协同能力；

（7）有较高的人文素养、审美能力和严谨务实的科学作风；

（8）身心健康，能通过教育部规定的《国家学生体质健康标准》测试。

3. 知识要求

（1）系统掌握设计学的基础核心及产品设计专业核心知识；

（2）了解设计学研究对象的基本特性和国内外设计学界最重要的理论前沿、研究动态，以及设计学基本研究方法；

（3）能够运用艺术、人文社会科学的理论与方法观察和认识设计问题，具备一定的哲学思辨能力和文学素养；

（4）对相关自然科学、工程技术的基本知识有所了解；

（5）加强印刷、包装、媒体传播等领域的视觉规律研究及设计表现的学习及实训。

4. 能力要求

（1）了解所学专业领域的基本理论与方法并掌握一定的创新创业基础技能，掌握设计创意、表达、沟通、加工的基本方法，掌握文献检索、设计调查、数据分析等基本技能及研究报告、论文撰写基本规范；

（2）能基本胜任专业领域内一定设计项目的策划、创意、组织及实施；

（3）具备相应的外语、计算机操作、网络检索能力；

（4）可用 1 门外语熟练进行学术检索与信息交流，能够查阅和利用相关的外文资料；

（5）具备制作图形、模型、方案，运用文献、数字媒体以及语言手段进行设计沟通及学术交流的能力，以及参与社会性传播、普及与应用设计知识的能力。

（三）产品设计学科培养模式

目前在我国，高等教育产品设计学科培养模式基本有三种，分别为工业 4.0 时代下的人才培养模式、教育与产业有效衔接下的人才培养模式，以及项目驱动、“三位一体”下的人才培养模式。

1. 工业 4.0 时代下的人才培养模式

工业 4.0 是一个源自德国的概念，代表了第四次工业革命，主要特征是制造业的智能化。在工业 4.0 的背景下，人才培养模式也必须进行适应性的变化，以满足新时代的需求。

第一，要塑造效益驱动的产品设计人才培养观念。针对各地区的特色，我们需要设定明确的产品设计人才培养目标，为产品设计人才的培养定位找到准确的模式。为了实现产品设计专业人才培养在社会服务和科研创新方面的成果，我们需要确立产品设计专业人才培养的前沿理念。实行效益驱动的产品设计人才培养观念，能够激发设计者的学习潜力，并优化人才培养过程。

第二，要打造面向产业化的产品设计人才国际合作实践平台。对于产品设计人才的培养，我们应该重视合作精神和个人协调能力，强调跨国界、跨学科、跨文化的合作模式。我们应积极构建与国际知名高校、科研机构和大型跨国公司的广泛、多元、多层次的实践合作关系，并把有利的资源融入产业化的合作实践平台。通过学校和企业的互访、国际交流、合作研究等方式，增强设计人才的产业意识，优化并拓宽产业化的国际合作平台。这样，产品设计实践平台能够与国际接轨，增强设计的实用性。

第三，优化产品设计人才面向市场的培养模式。我们应该进行有效的培养体系研究，通过实践探索，找出合适的培养观念和实施手段，以加速人才流动和市场化进程。新的产品设计人才培养理念需要与市场紧密结合，形成独特的培养体系，从而提高面向市场的产品设计人才培养效率。设计教育应从传统的单一培养方式转变为复合型人才培养方式。

第四，提升产品设计人才多元发展的前瞻性能力。在工业 4.0 智能制造时代，对于产品设计人才的培养，高等教育机构需要进行必要的设计教育改革，转变旧有教育理念，刷新课程培养体系，构建多元化的培养平台，以培养出更贴近时代需求的产品设计人才。产品设计人才不仅需要具备创新思维、领导能力、自我学习和实践能力，还需要提升基于“互联网 +”思维的设计开发能力、交互呈现能力、资源整合能力、设计管理能力、网络沟通能力以及分析解读能力等。

2. 教育与产业有效衔接下的人才培养模式

在教育与产业有效衔接的背景下，人才培养模式需要采取行业导向和应用型的策略，以便更好地满足产业发展的需求。

第一，建立行业发展研究数据库。首先，通过对学校与企业需求的综合分析，建立一个数字化的校企信息交流平台。该平台将包括各类企业，例如制造型企业、高等教育机构、广告媒体、市场营销等，以实现企业需求与学校资源的高效对接。其次，通过开展深度市场调研，积累并更新行业发展数据库。鼓励学生走出校园，深入企业和市场，对工业设计行业、制造业企业、消费市场进行系统研究，并将调研成果整理为详细的报告。通过每批学生的循环更新和积累，形成一个工业设计行业发展数据库，通过图表分析和数据统计，揭示行业发展趋势，从而锻炼学生的综合分析能力并提高对行业发展的敏感度。

第二，推行“工作室式”教育模式。实行“工作室式”的教育模式，即将“学习工作化，工作学习化”。这一教学模式实质上是产学研的融合，能够增强学生的问题分析和解决能力，也是培养学生个性化和创新能力的有效途径。“学习工作化，工作学习化”的理念，使得专业教育与就业、教学与行业的衔接更为紧密，增强了学生的实践能力和沟通技巧。通过与企业的专业人士合作，学生能够在交流过程中提升专业实践能力，从而推动自身的专业成长。

第三，构建多学科融合的毕业设计团队。设立多学科交叉的毕业设计小组，整合高校的多元化学科资源，根据设计团队的产品设计方向，进行团队成员的选择和任务分配。每一个设计实践环节都进行精细化的分工，发挥不同学科的优势，实现产品设计的深入化和综合化。

3. 项目驱动、“三位一体”下的人才培养模式

第一，教学方式的革新。在满足项目要求的同时，考虑不同学生的个性化需求，将学生按照小组方式进行划分，把“项目驱动”作为教学改革的关键环节。

第二，评价方式的改变。在项目驱动、“三位一体”的人才培养模式下，建立以检验学生项目管理技能为主要目标的评价体系，这将作为现有教学评价模式的有效补充。

第三，强化师资队伍的建设，提升教师们在项目规划、组织和执行上的能力。确保每个试验性专业中，都有能够进行项目规划和推进的专业教师。

第四，增强学校与企业之间的合作，确保行业专家能参与到人才培养的全过程，同时，与企业一同建立项目库，以保证教学的实际性和前瞻性。

二、产品设计学科基本特点

产品设计学科具有交叉性、发展性、艺术性、创新性等特点。产品设计学科的基本特点如图 2–2 所示。

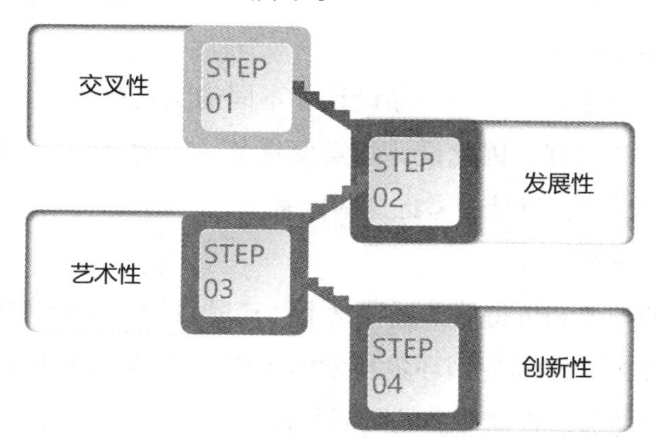

图 2–2　产品设计学科的基本特点

（一）交叉性

产品设计是一种深度融合的跨学科领域。我们说产品设计具有交叉性，这不仅仅意味着它结合了各种领域的知识，而且意味着它借助这些知识和技能来创造出更为优秀的产品。

1. 工程技术与设计

产品设计首先是工程技术和设计的交叉。设计师不仅需要具备良好的艺术和设计感，同时也需要理解和应用相关的工程原理和技术。这样才能将创新的设计想法转化为可行的产品。

2. 心理学与设计

心理学在产品设计中扮演着重要的角色。设计师需要理解用户的需求、习惯和偏好，才能创造出用户喜欢并能易于使用的产品。这就需要设计师对心理学有一定的理解和应用。

3. 商业与设计

产品设计也是商业和设计的交叉。设计师需要了解市场趋势、竞争环境和商业模式，才能设计出具有商业价值的产品。这就需要设计师具备一定的商业知识和技能。

4. 社会学与设计

社会文化因素也会影响产品设计。不同的文化背景和社会环境会影响用户的需求和喜好，因此设计师需要具备一定的社会学知识，以便更好地理解用户，并在设计中考虑这些因素。

5. 环境科学与设计

在当前的环境和可持续发展背景下，产品设计也需要考虑环保因素。这就需要设计师理解和应用环境科学的知识，比如在设计过程中选择环保材料、减少能耗、提高产品的可回收性等。

因此，产品设计是一门真正的交叉学科，它融合了艺术、科学、工程、商业、心理学、社会学等多个领域的知识和技能。这种交叉性使得产品设计更加复杂和富有挑战性，但同时也让它充满了无限的创新可能性和商业价值。

（二）发展性

产品设计学科在当今日新月异的科技进步与社会需求变迁中，展现出强大的发展性。这种发展性主要体现在以下几个方面。

1. 技术创新驱动发展

随着科技的飞速进步，新的材料、新的生产工艺和新的技术不断涌现，为产品设计带来无尽的创新可能。比如 3D 打印技术，使得复杂的设计能够得以实现；虚拟现实与增强现实技术为产品设计与用户体验提供了新的交互方式。这些技术革新为产品设计提供了广阔的发展空间，也不断挑战设计师的创新思维和技术技能。

2. 社会需求推动发展

社会需求是产品设计的出发点和归宿，不断变化的社会需求推动了产品设计的发展。例如，随着环保理念的普及，绿色设计、可持续设计受到越来越多的重视；随着老龄化问题的凸显，针对老年人的便捷、易用的产品设计也变得日益重要。因此，如何从复杂的社会需求中捕捉设计机会，成为推动产品设计发展的重要动力。

3. 跨学科融合促进发展

在当今的产品设计中，设计、工程、科技、商业、社会学、心理学等诸多学科的融合已成为常态。这种跨学科的融合为产品设计注入了新的活力，使设计过程更为全面和深入，也使设计成果更具有创新性和实用性。

4. 全球化趋势影响发展

在全球化的大背景下，产品设计也面临着新的机遇和挑战。一方面，全球化使得产品可以进入全球市场，设计师需要考虑不同文化背景下的用户需求和使用习惯；另一方面，全球化使得设计师可以吸取全球范围内的设计思想和设计实践，激发新的设计灵感。

因此，产品设计学科以其与科技、社会、经济等各方面的紧密关系，展现出强大的发展性。设计师们在面对新的技术和社会挑战时，需要不断更新知识、提升技能，以适应并推动产品设计的发展。

（三）艺术性

产品设计学科也富含深厚的艺术性。这种艺术性的表现形式多种多样，在学术规范的要求下，研究人员和学习者要尝试进行各种艺术化的应用与创新，以优化产品。

1. 美学的运用

产品设计不仅仅是为了解决实际问题，它也是对美的追求和创造。产品设计师需要具备深厚的美学素养，通过对色彩、形状、线条、比例、材质等元素进行巧妙搭配，使产品在满足功能性和实用性的同时，也能带给用户美的享受。这需要设计师对美学原理的深入理解和熟练运用。

2. 创新思维的发挥

产品设计是一种创新活动，艺术创新是设计师思考问题和解决问题的重要手段。艺术性的表达方式可以帮助设计师跳出常规，进行创新性的设计。同时，艺术性的产品设计也能够更好地引起用户的情感共鸣，提高产品的吸引力。

3. 情感化设计

产品设计不只是实现产品的功能性，也是一种情感的传达。设计师对产品的艺术处理，可以表达出一种特定的情感，让产品与用户建立起深度的情感链接。比如一些设计，可以让人感受到温暖、安逸、舒适等积极的情感，这都是产品设计的艺术性表现。

4. 故事性的构建

产品设计也是一种故事的叙述。良好的产品设计能够通过设计语言讲述一个故事，这个故事可能是品牌的历史，也可能是设计师的理念，或者是用户的生活方式。这种故事性的构建，需要设计师有良好的艺术修养和敏感的情感触觉。

（四）创新性

产品设计作为高等教育的一门学科，其创新性的特点尤为突出。

1. 设计思维的创新

设计思维是一种以人为中心的创新方法论，其强调问题解决的过程应从人的需求出发，然后通过迭代的过程，逐步实现问题解决方案的优化。设计思维鼓励创新和挑战传统，通过对问题的深入理解和同情心，来提出最符合用户需求的解决方案。设计思维的创新性体现在提倡快速原型设计，以试错和迭代的方式不断优化设计，同时鼓励跨学科的合作，打破传统的边界，以更广阔的视角看待问题。

2. 技术创新的引领

产品设计在不断地设计过程中，往往会推动相关技术的创新和发展。例如，新的材料、新的制造工艺、新的电子技术等，都可能因为产品设计的需要而得到发展和创新。同时，产品设计也能够将这些技术创新融入设计，形成独特的产品。

3. 创新理念的灌输

在教育过程中，产品设计学科强调创新理念的培养，教育学生对常规进行质疑，鼓励学生在设计中进行大胆的创新和尝试。同时，教育学生理解并掌握设计思维，以此驱动创新。

4. 创新模式的探索

在产品设计的教育过程中，通常会尝试各种新的教育模式，如项目驱动的学习方式、团队合作的学习方式等，旨在激发学生的创新能力和合作精神。

第四节　产品设计未来的机遇与挑战

一、产品设计未来的机遇

在未来，产品设计领域将迎来许多令人兴奋的机遇。随着科技的飞速发展和全球市场的扩大，产品设计师将面临更多的创新和发展空间。

（一）新技术为产品设计助力

随着科技的不断进步，新技术已成为推动产品设计发展的重要动力。人工智能、虚拟现实、增强现实、物联网等技术的不断涌现，不仅为产品设计师提供了更广阔的创新空间，也为产品设计的未来描绘了充满可能性的图景。这些前沿技术正在深刻地改变着我们对产品设计的认知和期待，创造出前所未有的新产品类型，同时也在挑战着设计师们对传统产品设计的理解和实践。

人工智能的发展为产品设计提供了强大的助力。无论是自动化设计、个性化定制还是大数据驱动的用户体验设计，人工智能都能够大幅提升产品设计的效率和质量。更为重要的是，人工智能的应用将产品设计的领域扩展到了以往无法触及的领域，比如通过深度学习让产品具备了自我学习和优化的能力，或者通过自然语言处理和语义理解让产品能够更好地理解和响应用户的需求。

虚拟现实和增强现实技术的兴起，为产品设计开辟了全新的空间。这些技术使产品设计不再局限于物质形态，而是可以在虚拟世界中自由发挥，创造出独特的虚拟产品或者通过增强现实技术让虚拟产品和现实世界进行融合，以此提供全新的用户体验。同时，这些技术也为产品设计的验证和展示提供了新的方式，设计师们可以通过虚拟现实和增强现实技术将设计理念生动地呈现出来，让用户在真实的环境中感受到产品的魅力。

物联网的发展也为产品设计提供了新的机遇。通过智能化和网络化的产品设计，可以实现设备之间的联动和协同，以此打造更智能、更便利的生活环境。此外，通过收集和分析各种设备的使用数据，也可以为产品设计提供更精准的用户反馈，以此不断优化产品设计，提升用户体验。

（二）消费群体的个性化需求带动产品设计发展

在社会经济迅速发展、消费者文化逐渐多元化的今天，消费者对个性化产品和定制化体验的需求已经日益显现，它正在成为推动产品设计发展的重要动力。这种趋势不仅为产品设计师带来了挑战，同时也带来了无限的机遇。

消费者对个性化产品的需求越来越强烈。不再满足于千篇一律的大众化产品，人们更加向往能够展现个性、反映自我价值的产品。这种个性化的需求来自消费者的心理诉求，也来自社会经济发展的客观需求。在全球化和信息化的趋势下，个体的自由性和多样性正在得到更多的尊重和关注。这种变化意味着产品设计师需要更深入地理解和把握消费者的心理需求，从而进行更加精细化、个性化的设计。

消费者对定制化体验的期待也日益增强。在现代社会，产品的功能性和实用性已经不能满足人们的需求，消费者更加关注产品带来的体验和感受。定制化体验不仅体现在产品的外观设计和功能设计上，更体现在产品如何满足消费者在特定情境下的使用需求，如何与消费者的生活习惯、审美情趣和价值观进行融合。这就需要产品设计师对消费者的生活习惯、审美情趣和价值观有更深入的了解和洞察。

为了满足消费者对个性化产品和定制化体验的需求，产品设计师需要采取新的设计理念和方法。例如，产品设计师需要树立以人为本的设计理念、以消费者的需求为设计的出发点和归宿，确保设计的方向和目标符合消费者的期待。产品设计师需要采用用户研究的方法，通过深入研究和理解消费者的生活习惯、审美情趣和价值观，以便在设计中体现出消费者的个性化需求。又如，产品设计师还需要掌握新的设计工具和技术（如数字化设计、虚拟现实技术、人工智能等）以提高设计的效率和精细化程度。

（三）可持续发展理念为产品设计提供更多指导

可持续发展已经逐渐从一个纯粹的环境保护概念转变为一个全面的社会经济议题，涉及社会公正、经济效益、环境保护等多个方面。作为产品生命周期中最重要的环节之一，产品设计在推动可持续发展中起到了至关重要的作用。面对全球的环保呼声和消费者对环保产品的日益增长的需求，产品设计师正在利用可再生材料、节能技术和环保设计理念来开发更符合可持续发展原则的产品。

产品设计师正在积极寻找和使用可再生和环保的材料来替代传统的石油基材料。这些材料通常可以在使用后被环保地回收利用，或者在自然环境中生物降解，从而大大减少了对环境的负面影响。此外，这些材料通常也更具有美感和触感，可以提升产品的质感和用户体验。节能和高效的设计理念正在被广泛应用在产品设计中。从硬件的节能优化到软件的智能管理，产品设计师通过各种方式提高产品的能源利用效率，减少能源消耗。同时，许多产品设计也开始考虑如何通过智能化和自动化技术，减少产品在使用过程中的废弃物和排放物。环保和可持续的设计理念正在改变产品的生命周期管理。传统的产品设计往往只考虑产品的使用阶段，而忽视了产品的生产和处置阶段对环境的影响。而现在，许多产品设计师开始从产品的整个生命周期出发，考虑产品从原材料获取、生产、使用到废弃处理的每个阶段如何实现环保和可持续。这种全生命周期的设计理念，不仅可以减少产品对环境的负面影响，同时也可以提升产品的社会经济效益。

二、产品设计未来的挑战

未来的产品设计领域将面临许多挑战，这些挑战将要求设计师随着社会、科技和市场的快速变化，不断适应和创新。

（一）快速变化的市场要求产品设计师提高适应能力

在全球化和信息化的大背景下，市场的快速变化对产品设计师提出了巨大的挑战。随着科技的进步和消费者需求的变化，产品设计的理念、方法和工具也在不断更新。产品设计师需要不断学习和适应这些新的变化，以保持其设计的竞争力。

首先，市场需求的快速变化要求产品设计师具有高度的敏感性和洞察力。在一个信息爆炸的时代，新的消费趋势、文化风潮和社会变革正在不断产生，并迅速影响消费者的需求和期待。因此，产品设计师需要不断学习新的知识，关注市场动态，以便及时捕捉到新的市场需求和变化。

其次，科技的进步对产品设计师的专业技能和创新能力提出了更高的要求。从数字化设计工具到智能化设计方法，从虚拟现实技术到人工智能，新的设计技术和工具正在不断涌现，使产品设计变得更加复杂和专业化。这就要求产品设计师不断提升自身的专业技能和技术素养，以适应科技的发展。

然而，面对市场和科技的快速变化，传统的产品设计方法和流程已经无法满足需求。因此，快速迭代和敏捷开发的方法正在被越来越多的产品设计师采用。这些方法强调快速响应市场变化，以小步快跑的方式逐步完善设计，通过快速试错和持续优化来提高设计的质量和效率。同时，这些方法也强调跨部门和跨学科的协同工作，以促进信息的流通和知识的分享，进一步提高设计的效率和创新性。

总的来说，快速变化的市场正在对产品设计师提出新的挑战。产品设计师不仅需要具备敏锐的市场洞察力和高级的专业技能，还需要采用新的设计方法和工作模式，以适应这个快速变化的世界。然而，正是这种快速变化，也为产品设计师提供了无限的机遇和可能性，挑战和机遇并存，产品设计的未来充满了无限可能。

（二）用户体验各不相同要求产品设计师全方位考量

在当今的设计领域中，用户体验的重要性越来越得到广泛的认同。从最初的以技术为驱动的设计，到以需求为导向的设计，再到现在以用户为中心的设计，设计的重心已经从技术和产品转向了用户。设计师们需要深入理解用户的需求、行为和感受，从用户的角度去考虑和解决问题，将用户的体验放在设计过程的核心位置。这种以用户为中心的设计思维，不仅有助于提升产品的吸引力和满意度，也能帮助企业提高竞争力和市场份额。

用户体验设计需要基于深入的用户研究。产品设计师需要通过观察、访谈、问卷调查等方法，深入理解用户的需求、习惯和行为模式，挖掘出用户的痛点和期待。这种深入的用户研究可以帮助设计师更准确地把握用户的真实需求，避免设计过程中的盲目性和偏见。用户体验设计还需要考虑用户的多样性和包容性。不同的用户群体有着不同的需求、习惯和能力，设计师需要尽可能地考虑这些差异，提供多元化、定制化和易用性的设计。这种包容性的设计可以让更多的用户得到满足，也有助于扩大产品的市场覆盖面。

然而，优秀的用户体验设计不仅需要满足用户的实际需求，也需要满足用户的情感需求。设计师需要关注用户的感受和情感，尽可能地提供愉快、舒适和有意义的体验。这种情感化的设计可以深化用户与产品的链接，提升用户的忠诚度和满意度。

在此背景下，产品设计师的角色也正在发生改变。他们不再仅仅是设计者，也成了研究者、策略家和沟通者。他们需要更多地从用户的角度去思考问题，更多地与用户进行交流和互动，更多地关注用户的体验和情感。而这种以用户为中心的设计思维和方法，也正在成为产品设计的新常态和新标准。

总的来说，以用户为中心的设计思维和方法，已经成为现代产品设计的核心和关键。在未来，随着用户的需求和期待的不断提升，用户体验设计的重要性将会进一步增强，而设计师的角色和工作方式也将迎来新的挑战。

（三）隐私和安全易泄露要求产品设计师革新技术

在信息化社会中，用户的隐私和数据安全问题日益突出。这对产品设计师提出了严峻的挑战，他们不仅需要考虑如何提供优秀的产品和服务，还需要考虑如何保护用户的隐私和安全。这种需求要求产品设计师必须熟悉相关的法规和标准，了解信息安全的基本原则和技术，甚至需要具备一定的网络安全知识和能力。一方面，保护用户隐私已经成为产品设计的重要考量。在设计过程中，产品设计师需要尽可能地减少对用户个人信息的收集和使用，只收集必要的信息，并确保这些信息的安全和隐私。在产品的使用过程中，设计师需要通过各种方式保护用户的隐私，如采用匿名化、去标识化等技术，防止用户信息的泄露。另一方面，数据安全也是产品设计不能忽视的问题。设计师需要关注产品的安全性，确保产品在各种情况下都能稳定、安全地运行。这需要设计师熟悉各种安全技术和手段，如加密技术、访问控制、身份验证等。同时，设计师还需要考虑产品可能面临的各种安全威胁，如网络攻击、数据泄露、设备丢失等，从而采取相应的防护措施。

然而，保护用户的隐私和数据安全并不仅仅是技术问题，更是一种设计思维和文化。产品设计师需要将隐私和安全的考虑融入设计的每一个环节，从用户的角度去思考和解决问题。他们需要以用户的利益为出发点，尊重用户的权利，保护用户的利益。此外，隐私和安全的保护还需要产品设计师与其他相关人员的协作。例如，设计师需要与法律专家合作，了解和遵守相关的法律法规。他们还需要与技术专家合作，了解和应用最新的安全技术。他们甚至需要与用户进行沟通和教育，增强用户的隐私和安全意识。

总的来说，隐私和安全的保护是产品设计面临的重大挑战，但也是产品设计的重要机遇。只有通过创新的设计思维和方法，才能有效地保护用户的隐私和安全，提供真正优秀的产品和服务。

（四）文化的差异要求产品设计师多角度考察社会背景

在全球化的今天，产品设计必须考虑文化的差异和社会背景的影响。因为文化的差异会影响人们对产品的接受度和使用方式，而社会背景又决定了产品的可行性和合法性。

因此，设计师需要具备跨文化的视野和理解能力，从多角度考察和理解社会背景，以确保产品的设计能够适应不同的用户群体，并符合当地的法律、道德和社会价值观。

文化的差异是影响产品设计的重要因素。不同的文化具有不同的价值观、生活方式、习惯和信仰，这些差异会影响人们对产品的期望、接受度和使用方式。例如，东西方文化对颜色的理解和喜好存在明显的差异，这对产品的颜色设计提出了挑战。因此，设计师需要了解和考虑这些文化差异，通过文化敏感的设计，使产品能够适应不同文化的用户。社会背景也是影响产品设计的重要因素。不同的社会背景具有不同的法律制度、经济条件、教育水平和科技发展水平，这些因素会影响产品的可行性和接受度。例如，一款高科技的产品可能在科技发达的地区非常受欢迎，但在科技落后的地区却无法推广。因此，设计师需要了解和考虑这些社会背景，通过社会敏感的设计，使产品能够适应不同社会背景的用户的需要。

然而，考虑文化差异和社会背景并不意味着产品设计必须迎合所有的文化和社会。因为设计师的目标不仅是满足用户的需求，也是创新和推动社会的发展。在某些情况下，设计师甚至需要挑战现有的文化和社会规范，通过创新的设计，推动社会的进步和改变。

第三章　产品设计的理念、原则与禁忌

第一节　产品设计的理念

产品设计的理念如图 3–1 所示。

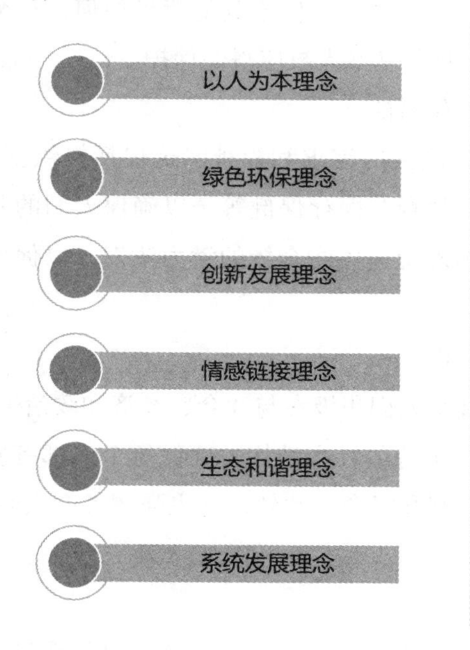

图 3–1　产品设计的理念

一、以人为本理念

以人为本是一种重要的理念，强调将人类的需求、福祉和尊严置于社会发展和决策的核心位置。

（一）以人为本理念简介

以人为本理念认为，社会、经济和政治的发展应该以满足人们的基本需求、提高生活质量和保障人权为出发点和归宿。该理念强调以下几个关键方面。

1. 尊重人的尊严和权利

这意味着每个人都应该被视为具有平等的尊严和权利。无论种族、性别、宗教、年龄、社会经济地位或其他背景如何，每个人都应该受到平等和公正对待，并且其基本人权应得到保护。

2. 关注人的需求和福祉

以人为本强调关注人的需求和福祉。这包括提供基本的生活条件，如食品、水、住房、教育和医疗保健等，以确保人们的基本需求得到满足。同时，以人为本理念还关注个体的潜力激发，以促使人们不断朝着幸福的“方向”前进。

3. 促进参与和合作

以人为本理念鼓励人们积极参与社会、经济和政治事务的决策过程。它强调建立包容性和平等的社会结构，确保每个人都有发表意见、参与决策和推动变革的权利和机会。此外，它也强调各方之间的合作和团结，以实现共同的目标。

4. 可持续发展

以人为本理念追求人与环境之间的平衡和可持续发展。它强调经济增长应该以人们的利益为中心，同时兼顾环境的保护和资源的可持续利用，以确保未来世代也能享有良好的生活条件。

（二）以人为本理念与产品设计

以人为本理念是产品设计的指导理念之一，在产品设计领域起着至关重要的作用。它强调将用户的需求、体验和福祉放在产品设计的核心位置，以确保产品能够真正满足用户的期望并提供有意义的价值。

以人为本这一设计理念是产品设计领域的重要指导方针，其核心是将用户的需求、体验和福祉作为设计的出发点和目标。这种以用户为中心的设计理念，不仅考虑产品功能性，更注重产品在用户体验、情感感知等方面的价值。它体现了一个深度的人文关怀，强调对用户的理解和尊重，提倡设计师以用户的角度去思考和解决问题，从而让产品能够真正满足用户的实际需求，提供有意义的价值。

在这个理念下，产品设计师需要投入大量时间和精力去了解用户，研究他们的行为、习惯、需求和期望，以便在设计过程中提供更符合用户需求的产品或解决方案。这种深入的用户研究和理解，是产品设计成功的关键，也是提升产品质量和用户体验的重要手段。

以人为本的设计理念还注重产品的易用性和可访问性。它强调产品应该易于使用，适应多种使用环境和用户群体，特别是考虑不同的年龄、性别、身体条件、文化背景等因素，确保产品对所有用户都是友好和可用的。同时，以人为本的设计理念还强调产品的社会价值和伦理责任。设计师需要关注产品对用户和社会的影响，避免设计过程中产生不公平、排斥或伤害用户的情况，确保产品在提供价值的同时，也符合社会伦理和责任。

总的来说，以人为本的设计理念强调了人与产品之间的互动关系，以用户的需求和体验为核心，从而确保产品设计的目标是为人类的生活提供更多的便利和价值。这种理念有助于产品设计更加贴近用户、更有人性化，也更具社会责任感，从而推动产品设计的持续发展和创新。

（三）以人为本理念在产品设计的具体实践指导

以人为本的设计理念在产品设计的具体实践中表现为一系列的设计策略和方法。它要求设计师在产品设计过程中始终考虑用户的需求和体验，创造出符合用户期望的产品。

首先，以人为本的设计开始于深入理解用户。设计师需要通过用户研究（如观察、访谈、问卷调查等手段）了解用户的行为、需求和痛点，探究用户的目标、动机和期望。这些用户洞察将为设计提供丰富的参考信息，有助于设计师做出更接近用户实际需求的设计决策。

其次，设计的过程应以用户为中心。用户参与是以人为本设计的关键元素之一，它意味着用户参与整个设计和开发过程，从初步的需求收集到设计决策，再到产品测试和改进。这种方式有助于确保产品设计的适应性，减少开发过程中的返工，增强产品的可用性和满意度。另外，以人为本的设计理念也强调产品的易用性和可访问性。设计师需要确保产品简单易用，适合各种使用情境和不同的用户群体。这涉及产品的物理设计、界面设计、交互设计等方面，要求设计师从多个角度出发，为所有用户提供便利和舒适的使用体验。

再次，以人为本的设计还关注产品的情感价值。除了满足用户的实用需求，产品设计还应满足用户的情感需求，引发用户的积极情绪反应。这需要设计师对人类的情感和心理有深入的理解，运用色彩、形状、纹理、声音等设计元素，创造出有情感互动的产品。

最后，以人为本的设计还要关注产品的社会影响和伦理责任。设计师需要考虑产品在使用过程中可能对用户和社会产生的影响，确保产品在提供实用价值的同时，不会对用户的权益造成伤害，或对环境和社会造成不良影响。

二、绿色环保理念

绿色环保理念是一种倡导保护环境、可持续发展和促进生态平衡的

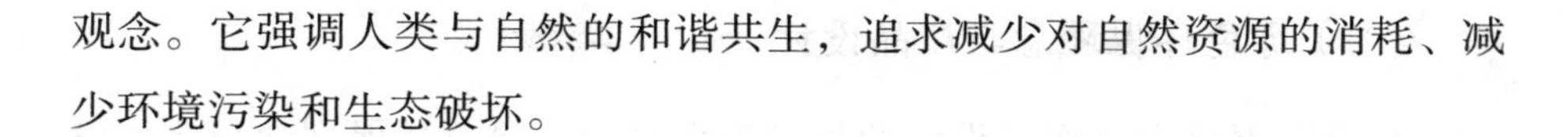
观念。它强调人类与自然的和谐共生，追求减少对自然资源的消耗、减少环境污染和生态破坏。

（一）绿色环保理念简介

绿色环保理念在各个领域都有广泛的应用，包括能源、工业、建筑、农业、交通等，旨在实现可持续地发展和保护地球的生态系统。

1. 可再生能源

绿色环保理念鼓励利用可再生能源（如太阳能、风能、水能等）来替代传统的化石燃料和核能。这有助于减少对有限资源的依赖和减少温室气体的排放，以应对气候变化的挑战。

2. 资源回收和循环利用

绿色环保理念提倡资源回收和循环利用。通过减少废物的产生、提高废物的回收率和促进循环经济，可以减少对原始资源的需求，减少废物的排放，降低环境污染。

3. 节能和能效提升

绿色环保理念强调节能和提高能源利用效率。通过采用节能技术、改善能源系统和促进能效标准，可以降低能源消耗、减少对非可再生能源的需求，同时降低碳排放和环境影响。

4. 环境保护和生态恢复

绿色环保理念关注保护自然环境和生态系统。这包括保护生物多样性、保护自然栖息地、减少土地破坏和水资源污染等。通过采用可持续的农业实践、森林保护、湿地恢复等措施，可以保护和恢复生态系统的健康。

5. 环保意识和教育

绿色环保理念强调提高公众对环境保护的意识和教育水平。通过加强环境教育、宣传环保知识和倡导可持续生活方式，可以培养人们对环境的关注和责任感，促进社会的环保行动。

（二）绿色环保理念与产品设计

绿色环保理念是产品设计的指导理念之一。绿色环保理念与产品设计可以实现有机结合。从初始的概念设计、材料选择，到产品的生产过程，以及最终的回收处理，都要体现出对环境的尊重和保护。

绿色环保理念在产品设计中的体现从产品的初始设计阶段就开始。设计师在进行产品设计时，需要考虑产品在其生命周期内对环境的影响，从而尽可能地降低对环境的负面影响。设计师可以通过设计更高效的产品，减少能源消耗，或者通过设计易于维修和升级的产品，延长产品的使用寿命。另外，设计师也可以通过创新设计（例如设计能够自我修复或者使用可再生能源的产品）来进一步降低产品对环境的影响。

绿色环保理念在材料选择上有重要的体现。设计师在选择材料时，不仅需要考虑材料的性能，还需要考虑材料的环保性。设计师可以选择使用可再生、可回收或者低污染的材料，降低产品对环境的影响。此外，设计师也可以通过设计来减少材料的使用量，比如设计轻薄的产品，或者使用一体化设计来减少零部件的数量。绿色环保理念在产品的生产过程中也有所体现。设计师在设计产品的制造过程时，需要考虑如何减少废弃物的产生，如何节约能源，以及如何减少生产过程对环境的影响。例如，设计师可以选择使用更环保的生产工艺，或者设计出可以在低温条件下生产的产品。而且绿色环保理念在产品的回收处理阶段也应得到重视。设计师需要考虑产品在使用完毕后如何处理，以减少产品对环境的影响。设计师可以设计易于拆卸和回收的产品，以便于回收利用产品中的材料。设计师也可以考虑产品的二次使用，例如设计可升级或者可重复使用的产品。

总的来说，绿色环保理念与产品设计的关系密不可分，这是一个设计师在产品设计过程中需要持续关注和努力实践的目标。绿色环保理念的体现不仅仅是一种产品设计的趋势，更是一种对未来可持续发展的责任和承诺。

（三）绿色环保理念在产品设计的具体实践指导

绿色环保理念在产品设计的具体实践中主要指导着设计师在各个设计阶段做出环保选择和决策。

1. 生命周期评估

生命周期评估（LCA）是一种评估产品在其整个生命周期（从原料获取、生产、使用，到最后的废弃处理）内对环境影响的方法。设计师通过进行 LCA，可以理解产品在其生命周期各个阶段对环境的影响，并据此优化设计。

2. 选择环保材料

设计师应尽可能选择可再生、可回收或低污染的材料。对于必须使用的非可再生材料，设计师应尽可能减少其使用量。设计师还应考虑材料的生产过程，选择那些在生产过程中对环境影响最小的材料。

3. 优化产品设计

设计师应设计能效高、寿命长、易维修、易升级、易拆卸和易回收的产品。设计师还可以通过减少零部件数量和使用一体化设计来减少材料使用量。

4. 考虑产品的生产过程

设计师在设计产品的制造过程时，需要尽可能选择环保的生产工艺和技术，以减少生产过程中的废弃物和污染。设计师也可以优化产品设计，使其更适合低温、低能耗或低排放的生产条件。

5. 设计可回收和可升级的产品

设计师应设计出易于拆卸和回收的产品，以便于回收利用产品中的材料。设计师也可以考虑产品的二次使用，例如设计可升级或可重复使用的产品。

6. 提倡环保的使用和维护方式

设计师可以通过设计来引导用户采取环保的使用和维护方式，例如设计出节能模式，或提供环保的维修和清洁建议。

三、创新发展理念

创新发展理念是一种强调创新和持续发展的观念，旨在推动社会、经济和科技的进步与繁荣。

（一）创新发展理念简介

创新发展理念认为创新是推动社会变革和提高人类生活水平的关键要素，通过引入新思想、新技术、新产品和新服务，可以创造新的价值和机会。

1. 科学技术创新

创新发展理念强调科学技术的创新和应用。通过推动科学研究和技术进步，可以开发新的技术、产品和解决方案，促进经济增长和社会进步。科学技术创新涵盖广泛的领域，包括信息技术、生物技术、能源技术、材料科学等。

2. 创业和企业创新

创新发展理念鼓励创业和企业创新。通过支持创业者和创新型企业，提供创新投资和支持政策，可以激发创业活力和推动经济发展。创业和企业创新可以带来新的商业模式、产品和市场机会，创造就业机会和经济增长。

3. 开放合作和跨界创新

创新发展理念倡导开放合作和跨界创新。通过促进学术界、产业界、政府和社会组织之间的合作，可以促进知识交流、技术转移和创新资源的共享。跨界创新指的是在不同领域、学科和行业之间进行合作和融合，以产生新的想法、解决复杂问题和创造新的价值。

4. 社会创新和可持续发展

创新发展理念关注社会问题的创新解决方案和可持续发展。社会创新涉及解决社会问题、提升社会公共服务和改善社会福利的新方法和实

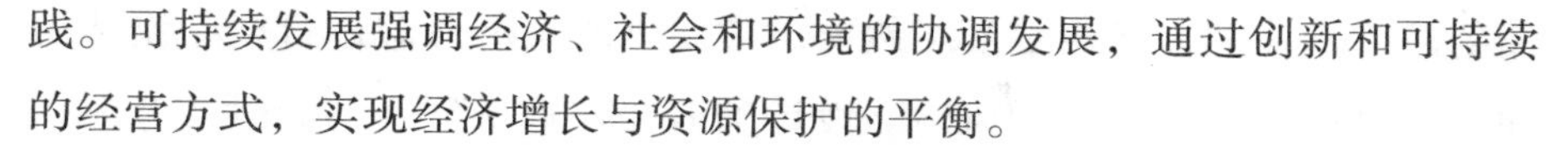

践。可持续发展强调经济、社会和环境的协调发展，通过创新和可持续的经营方式，实现经济增长与资源保护的平衡。

5. 创新文化和教育

创新发展理念强调培养创新文化和提升创新能力。创新文化鼓励开放思维、尊重多样性和容忍失败，为创新提供良好的环境和氛围。创新教育注重培养创新思维、问题解决能力和团队合作精神，培养创新人才和创新型人才。

（二）创新发展理念与产品设计

创新发展理念与产品设计的关系可谓紧密相连。在竞争日益激烈的市场环境中，一款新产品是否能够成功上市并获得消费者的接纳，其核心因素便是产品设计是否具有创新性。创新发展理念是指在产品设计中积极寻求变革、突破和颠覆，以实现产品、服务或工艺的优化升级。创新在产品设计中的表现形式多种多样，不仅是对产品功能的改进，也是对产品形态、材质、结构、工艺等方面的创新。同时，创新还可以体现在对产品使用体验的提升，以及对市场、社会、环境需求的深度挖掘和满足。

创新发展理念引导设计师以开放和前瞻的思维来看待产品设计，鼓励设计师跳出传统的设计框架，勇于挑战现状和尝试新的可能。设计师需要充分利用科技、艺术、社会学等多领域的知识和技能，结合对市场和用户深入的理解和洞察，来构建出独特和具有竞争力的产品设计方案。

在实践中，创新发展理念的应用可以帮助企业提升产品的竞争力，满足用户的个性化需求，优化产品的使用体验，以及创造出独特的产品价值和品牌形象。例如，苹果公司在手机设计中引入了多点触控技术和全面屏设计，从而极大地提升了用户的使用体验和产品的市场竞争力。此外，德国的家用电器品牌博世在产品设计中大胆尝试采用可再生材料和能效高的设计方案，不仅成功降低了产品对环境的影响，也提升了产品的品牌形象和市场接纳度。然而，应用创新发展理念进行产品设计的同时，也需要注意创新的风险。设计师需要在追求创新的同时，考虑产品的可实现性、市场接纳度、安全性等因素。此外，设计师还需要关注创新对社会、环境和文化的影响，确保创新是在可持续和责任的框架内进行的。

（三）创新发展理念在产品设计的具体实践指导

创新发展理念在产品设计的具体实践中起到了关键的指导作用。它要求设计师以开放和进步的心态对待设计任务，不断寻求和探索新的设计语言、技术、方法和工具。而这正是推动产品设计不断发展、优化和进步的重要动力。在产品设计的具体实践中，设计师能够从以下几个方面落实创新发展理念。

1. 功能创新

功能创新的关键在于将产品的实用性和独特性相结合，这要求设计师以用户为中心，深入理解用户的真实需求和使用习惯。通过用户调研、用户画像、用户旅程图等手段，设计师可以发现并理解用户的痛点和需求，从而提出具有创新性的功能设计方案。例如，为了满足用户在各种环境下使用产品的需求，设计师可以研发防水、防摔、防尘等功能，为产品增加更多的使用场景。又比如，通过对人工智能、物联网等新兴技术的运用，设计师可以让产品具备智能化、个性化、网络化等特点，提高产品的使用效率和便捷性，让用户享受到更优质的服务。

2. 形态创新

形态创新是产品设计中的重要环节，它不仅会影响产品的视觉效果，也会直接影响用户的使用体验。设计师可以通过对产品形态的创新，打破传统的设计规则，引领新的设计潮流，同时也为品牌提供了一种独特的视觉形象和品牌识别度。例如，设计师可以尝试将产品的实用性与美学相结合，通过对产品线条、色彩、材质、布局等元素的创新运用，使产品形态美观大方，富有艺术感。此外，设计师还可以通过对产品形态的人性化设计（如握感舒适、重量适中、操作方便等），提升用户的使用体验，使产品更加贴近用户的生活。总的来说，形态创新可以让产品在市场中脱颖而出，赢得用户的喜爱，提升品牌的影响力和竞争力。

3. 工艺创新

工艺创新是产品设计中不可忽视的一环，它可以通过采用新的材料和制造技术来提升产品的性能和生产效率，同时也有助于降低产品的生产成本和环境影响。例如，设计师可以采用环保材料和可回收材料，以减少产品在生产过程中对环境的影响，并通过优化生产流程，提高生产效率，降低生产成本。另外，新型的生产技术（如 3D 打印、CNC 加工等）可以为产品设计提供更大的创新空间，让设计师有更多的可能性去探索和实践。总的来说，工艺创新可以帮助产品实现从设计到生产的无缝对接，同时也可以为产品的质量和性能提供保障。

4. 体验创新

体验创新的核心在于提升用户的满意度和忠诚度，这需要设计师将用户的体验放在产品设计的中心位置，从用户的角度去考虑和解决问题。设计师可以通过改进产品的交互设计，使产品的使用更加简单易懂，增强用户的使用愉悦感。同时，设计师还应关注服务设计，通过提供优质的售后服务、用户反馈机制等，让用户在使用产品的全程中都能得到满意的服务。例如，通过人机交互、大数据分析等技术，设计师可以了解用户在使用产品过程中的行为习惯和需求，从而改进产品的设计，提供更贴合用户需求的功能和服务。总的来说，体验创新可以提升用户对产品的满意度和忠诚度，从而增强品牌的竞争力和市场影响力。

四、情感链接理念

情感链接理念是一种强调建立情感共鸣和链接的观念，旨在创造与用户之间深入而有意义的情感关系。

（一）情感链接理念简介

情感链接理念认为情感的存在和表达在人类交流和互动中起着重要的作用，通过与用户建立情感链接，可以提高用户的参与度、忠诚度和满意度。

1. 用户情感需求

情感链接理念强调关注用户的情感需求和体验。它认为人们不仅仅是理性的决策者，他们的情感和情绪对于产品和服务的认可和接受至关重要。设计团队需要深入了解用户的情感需求，包括他们的喜好、价值观和情感诉求。

2. 情感共鸣和认同

情感链接理念追求与用户的情感共鸣和认同。通过在产品设计和品牌建设中传递情感价值、故事和情绪，可以与用户建立深层次的联系。这有助于建立用户对产品或品牌的情感认同和忠诚度，使其与之建立长期的情感链接。

3. 个性化和用户体验

情感链接理念强调个性化和用户体验的重要性。每个用户都有独特的情感需求和偏好，设计团队应该注重提供个性化的产品和服务，满足用户的情感诉求。同时，通过关注用户体验的方方面面，包括界面设计、交互过程和品质感受，可以增强情感链接的效果。

4. 情感沟通和互动

情感链接理念鼓励积极的情感沟通和互动。这包括通过社交媒体、用户反馈、客户服务等渠道与用户建立直接的情感链接。开放的沟通渠道和及时的回应可以增强用户的参与感和被关注感，加强情感链接的效果。

5. 持续关怀和关系维护

情感链接理念认识到情感链接是一个持续的过程。设计团队需要与用户建立长期的关怀和关系维护机制，通过提供定期更新、特别关怀和个性化的互动，保持与用户的情感链接。这有助于建立稳固的用户关系和口碑传播。

（二）情感链接理念与产品设计

情感链接理念是近年来产品设计领域的一个重要趋势，它强调产品不仅需要满足用户的实际需求，也需要触动用户的情感，建立起用户与产品之间的情感联系。

产品与用户之间的情感联系可以从多个层面来理解。首先，它可以是产品设计中的审美情感。一个拥有优秀设计和出色工艺的产品，可以带给用户视觉上的享受和心理上的满足感，引发用户对产品的喜爱之情。例如，Apple 的产品设计一直以简约、时尚而著称，它们的设计语言和精致的工艺不仅给用户带来了良好的使用体验，同时也让用户产生了对产品的热爱。其次，情感链接也可以是产品与用户之间的情绪互动。现代的产品设计越来越注重产品与用户之间的情绪交互，设计师通过深入理解用户的需求和情绪，将情感元素融入产品设计，让产品可以引发用户的情绪共鸣，从而提升用户的使用满意度。比如，有些儿童产品会设计成卡通形象，这不仅可以吸引儿童用户，也能让他们在使用产品的过程中产生乐趣，增强他们与产品的情感链接。最后，情感链接还体现在产品的社交价值上。许多产品不仅是单一的使用工具，它们也是用户表达自我、社交互动的媒介。例如，人们通过穿着品牌服装、使用特定品牌的电子产品等方式，来展示自己的身份、品位和生活态度，这也是一种情感链接的表现形式。

总的来说，情感链接理念对于产品设计的意义重大。它不仅可以提升产品的价值和用户体验，也能增强用户的品牌忠诚度，提高产品的市场竞争力。在未来的产品设计中，情感链接理念将越来越受到重视，成为产品设计的一个重要方向。

（三）情感链接理念在产品设计的具体实践指导

情感链接理念在产品设计中的具体实践指导关注如何在产品设计过程中创建和深化用户与产品之间的情感纽带。其要点包括但不仅限于以下几个方面。

首先，要深入理解用户。设计师应该深入研究用户的需求、习惯、情感和价值观，以便更好地设计出符合用户情感需求的产品。这可以通过访谈、观察、问卷调查等多种方式来实现。同时，设计师也要注重对用户情感的敏感性，对用户的反馈和情感反应进行仔细的观察和理解。

其次，要注重产品的审美设计。优秀的产品设计不仅需要满足用户的使用需求，更需要在视觉、触觉、听觉等多个层面上给用户带来愉悦的感官体验，从而引发用户的情感共鸣。例如，产品的颜色、形状、材质、界面设计等都是激发用户情感的重要元素。

再次，要注重产品的故事性和情感传递。每一个产品都可以讲述一个故事，通过产品的故事性，可以帮助用户建立与产品的情感联系。比如，一些手工制作的产品，设计师会通过讲述产品制作过程中的故事，让用户感受到产品的独特性和价值，增强用户的归属感和认同感。

最后，要注重产品的社交价值。产品不仅是工具，也是社交的媒介，用户通过使用特定的产品，可以展示自己的品位、身份和生活方式，这也是一种情感链接。设计师应该考虑如何通过设计，让产品成为用户表达自我、链接他人的工具，以增强产品的情感价值。在实际操作中，设计师可以结合具体的用户群体和产品类型，采取不同的设计策略（如情感设计、体验设计、故事设计等）来实现产品的情感链接。这样的设计不仅可以提升用户的使用体验，也有助于增强产品的市场竞争力、提高用户的忠诚度。

总的来说，情感链接理念在产品设计中的具体实践指导，是一种以用户为中心，注重用户情感需求的设计策略，它强调的是通过深入理解

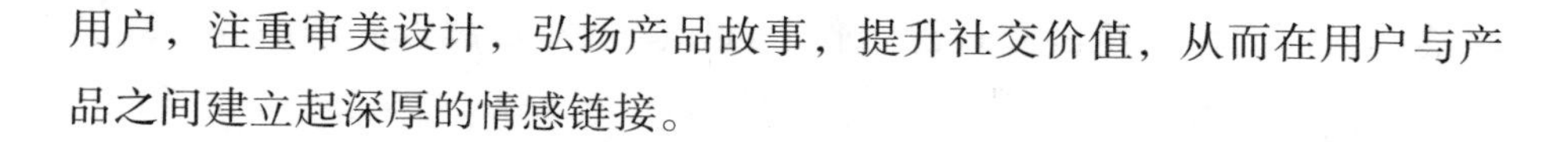

用户，注重审美设计，弘扬产品故事，提升社交价值，从而在用户与产品之间建立起深厚的情感链接。

五、生态和谐理念

在当今世界面临着日益严重的环境问题和可持续发展挑战的背景下，生态和谐理念日益引起人们的关注和重视。生态和谐理念强调人类与自然环境之间的和谐共生，追求经济、社会和生态系统的平衡发展。它呼吁我们要尊重和保护自然环境，实现可持续发展，以确保地球的生态系统能够持续支持和滋养人类的生存与发展。

（一）生态和谐理念简介

生态和谐理念是一种强调人类与自然环境之间和谐共生的观念。它认为人类活动应该尊重和保护自然环境，实现经济、社会和生态系统的平衡发展。生态和谐理念强调可持续发展、生物多样性保护、资源节约和循环利用、环境保护和污染治理、教育与意识提升。

1. 可持续发展

生态和谐理念强调经济发展与环境保护之间的平衡。它认为经济增长应该在保护环境和社会福祉的前提下实现，不损害未来世代的发展权益。可持续发展涵盖经济、社会和环境三个维度，追求长期的可持续性和整体的平衡。

2. 生物多样性保护

生态和谐理念重视保护和维护生物多样性。生物多样性是地球生命的基础，包括各种物种、生态系统和基因资源。通过保护自然栖息地、采取保护措施、限制破坏性活动，可以维护生物多样性，保护珍稀物种和生态系统的完整性。

3. 资源节约和循环利用

生态和谐理念倡导资源的节约和循环利用。通过高效利用资源、减少浪费、提倡循环经济和资源回收，可以降低对自然资源的消耗，减少环境污染和废物的产生。

4. 环境保护和污染治理

生态和谐理念强调环境保护和污染治理。它主张减少污染物排放，保护空气、水和土壤质量，降低环境破坏和生态灾害的风险。通过采用清洁技术、环保政策和监管措施，可以保护环境质量和生态系统的健康。

5. 教育与意识提升

生态和谐理念重视教育和意识提升的作用。通过加强环境教育、提高公众对生态问题的认识和理解，可以增强人们对生态和谐的重视和责任感。教育和意识提升可以培养可持续生活方式、推动环保行动和社会参与。

（二）生态和谐理念与产品设计

生态和谐理念在产品设计中的应用是一个全球共识。这个理念强调了产品设计应该尊重自然，维护生态平衡，降低对环境的负面影响。它倡导的是一种可持续的设计方法，要求在产品设计的整个过程中，包括材料选择、生产过程、产品使用和最后的处置等各个环节，都尽可能减少对环境的损害，提高资源的利用效率。一方面，是在材料选择上。设计师在选择材料时，应优先考虑那些可再生、可回收、低污染的材料，以尽可能降低产品对环境的影响。同时，也要考虑材料的耐用性和长久性，避免频繁更换产品带来的资源浪费。另一方面，是在产品生产过程中。设计师应积极寻找和采用更环保的生产方式（比如采用更高效的生产设备、减少废弃物的产生、利用清洁能源等）以减少生产过程中的碳排放和环境污染。另外，生态和谐理念还要求设计师关注社会和环境问题，考虑产品设计对社会和环境的长远影响。比如，可以通过设计让更多的人了解和关注环保问题，通过产品的使用推动社会的可持续发展。

总的来说，生态和谐理念对产品设计提出了新的要求和挑战，它要求设计师在设计产品的同时，关注产品的整个生命周期，考虑产品对环境的影响，寻求在满足人类需求和保护环境之间找到平衡。这种理念的实现需要设计师的专业知识和技能，也需要社会的支持和鼓励。只有这样，我们才能真正实现可持续发展。

（三）生态和谐理念在产品设计的具体实践指导

生态和谐理念在产品设计的具体实践中发挥着至关重要的作用，它促使设计者们从全面的角度去考量产品的生命周期，以实现产品设计和生态环境的和谐共生。

从设计初期开始，就应将环保理念融入产品设计。设计师需要考虑产品的全生命周期，从原材料的采集、产品的生产过程，到产品的使用，甚至包括产品的废弃和回收，都应该力求降低对环境的影响。例如，选择可回收、可降解，或者具有低环境影响的材料，以及优化设计以减少材料的使用，都是体现生态和谐理念的实际做法。生态和谐理念也要求产品设计要有长远的视野，注重产品的持久性和耐用性。设计师应该尽量减少产品的更替频率，设计出更为耐用的产品。同时，产品在使用过程中的能源效率也是重要的考量因素，产品应尽可能降低能源消耗。

设计师还应该考虑产品的回收和再利用。产品设计应尽可能便于分解和回收，以实现资源的循环利用。例如，设计师可以考虑在设计初期就设定产品的回收方案，让消费者能更容易地参与到产品的回收过程中来。此外，生态和谐理念还强调设计师的社会责任和道德责任。设计师不仅要考虑产品的商业价值，也应关注其对社会和环境的影响。这种责任感将推动设计师去创造那些既美观又实用，同时又对环境影响小的产品。

六、系统发展理念

在当今充满复杂性和变化性的社会和环境中，系统发展理念为我们提供了一种全面而综合的方式来应对挑战。

（一）系统发展理念简介

系统发展理念是一种综合性的思维和方法论，强调将事物看作相互关联、相互作用的系统，以促进整体性、协同性和可持续性的发展。它的目标是理解和引导复杂系统的运行和衍化，以解决问题、实现目标和推动创新。

1. 系统思维

系统发展理念倡导系统思维，即将事物视为相互依赖和相互作用的部分组成的整体。它鼓励我们超越局部和单一因素的观察，而是关注系统的结构、动态和相互关系，以全面理解和干预系统。

2. 综合性与整体性

系统发展理念强调整体性和综合性的观点。它认为系统中的各个部分相互依存、彼此影响，并与外部环境相互作用。因此，在解决问题和制定决策时，需要考虑整体的影响和相互关系，以达到系统性的优化和协同效应。

3. 动态与变化

系统发展理念关注系统的动态和变化。它认识到系统是不断衍化和适应的，受到内部和外部因素的影响。通过研究和理解系统的动态性质，可以更好地预测和应对变化，并采取适当的措施来推动系统的发展。

4. 参与反馈

系统发展理念鼓励参与和反馈。它认为系统的参与者和利益相关者应该参与到系统的设计、决策和改进中，并及时获得反馈。通过多方参与和反馈机制，可以促进合作、共享信息和共同学习，以推动系统的发展和改进。

总之，系统发展理念的应用范围广泛，涉及科学、工程、管理、社会科学等各个领域。它提供了一种综合性的方法来理解和引导复杂系统的发展，以帮助我们更好地应对复杂性和不确定性。

（二）系统发展理念与产品设计

系统发展理念与产品设计有着紧密的关系，尤其在当前社会环境日趋复杂，产品生态系统也在不断演进的大背景下，系统的思维方式在产品设计过程中显得尤为重要。系统发展理念强调的是整体性、互动性，以及动态的衍化过程，这也为我们提供了理解和设计复杂产品的新视角。

系统发展理念在产品设计中的体现就是需要从整体角度去考察产品。单一的产品已经无法满足现代社会复杂多变的需求，产品需要与其他产品或服务形成系统，共同创建价值。这就要求设计师不仅要关注产品自身的设计，更要关注产品如何与其他元素相互作用，如何在系统中发挥其价值。

系统发展理念也强调了互动性。在产品设计中，这主要体现为用户与产品、产品与产品之间的互动。设计师需要理解并设计这些互动关系，以创造出更具吸引力的用户体验。例如，设计师可以通过设计产品的交互界面，增强用户与产品的互动；也可以通过设计产品的链接性，增强产品与产品之间的互动。系统发展理念还强调了动态的衍化过程。这就要求设计师要有长远的视野，考虑产品在其生命周期中的衍化过程，以及产品如何适应未来的变化。设计师不仅要关注产品的当前需求，还要考虑产品的未来发展，如何使产品在未来的环境中依然具有竞争力。此外，系统发展理念还指出，系统是由许多不同的部分组成的，这些部分都有其特定的功能和角色。在产品设计中，这意味着设计师需要理解产品的各个部分如何协同工作，以及如何通过优化这些部分的设计来提高整个系统的效能。

综上所述，系统发展理念为产品设计提供了全新的指导思想。它要求设计师从全局角度出发，关注产品的整体性、互动性和动态性，以期在复杂的现实环境中设计出更具价值的产品。对于设计师来说，掌握并实践这一理念，不仅可以提高他们的设计能力，也是对他们系统思维能力的提升和拓宽。

（三）系统发展理念在产品设计的具体实践指导

系统发展理念在产品设计的具体实践中起到了引领作用。它告诫我们，任何一个产品都不是孤立存在的，而是处于一个复杂的系统中，和其他元素互动并影响着彼此。设计师在设计过程中需要深入理解这个系统，才能设计出真正符合用户需求的产品。

系统发展理念要求我们在设计产品时，要关注产品与其环境之间的关系。这包括产品如何适应环境、如何影响环境，以及如何利用环境来提升自身的价值。例如，设计一款智能手机，我们不仅要考虑其硬件和软件的设计，还要关注它如何与用户、网络、其他设备等外部环境进行互动。

系统发展理念强调产品设计应该是一个持续的过程。设计师不仅要设计出满足当前用户需求的产品，还要预见未来的变化，让产品有持续发展和改进的能力。比如，设计一款软件，设计师需要考虑如何让软件易于升级和扩展，以适应未来可能出现的新需求和新技术。再者，系统发展理念强调设计应该注重产品的整体性。一个产品的各个部分都应该协调一致，共同服务于整体的目标。例如，设计一辆汽车，设计师不仅要关注车辆的动力系统、悬挂系统、刹车系统等各个子系统的设计，还要保证这些子系统能够协同工作，共同提供出色的驾驶体验。此外，系统发展理念还告诉我们，设计不仅要关注产品本身，还要关注产品产生的影响。设计师需要考虑产品的生命周期，从生产、使用到废弃，都应该尽可能减少对环境的负面影响。例如，设计一款包装，设计师不仅要关注包装的美观和实用，还要关注包装材料的可回收性和生物降解性。

总的来说，系统发展理念给产品设计带来了全新的视角，强调设计的全局观和长远观，关注产品与环境的互动关系，关注产品的持续发展，关注产品的整体性，关注产品产生的影响。这种理念对于设计师来说，是一种思维的转变，也是一种设计能力的提升。

第二节　产品设计的原则

产品设计的原则如图 3-2 所示。

图 3-2　产品设计的原则

一、用户中心原则

用户中心原则是一种设计哲学，它强调以用户需求为核心来引导产品设计。它不仅仅是一种设计原则，也是一种全面的设计方法论，包括了多种工具和技术，旨在创建符合用户需求和期望的产品。

在这个原则下，设计师首先需要全面了解用户。这意味着我们需要在设计过程的早期阶段与用户接触，通过各种形式的用户研究（如访谈、观察和调查）来了解他们的需求、习惯、价值观以及他们将在何种环境中使用产品。设计师需要在多种不同的情境中观察用户，以理解他们在实际生活中如何与产品或类似产品交互，从而提取出用户的行为模式和需求。此外，用户中心设计强调要考虑用户的期望。在理解用户需求的同时，设计师还需要明白用户的期望和欲望，这需要设计师不仅对用户当前的行为有深入的理解，还需要对用户未来可能的需求有所预测。这也需要设计师对用户的心理、文化背景以及他们的情感反应有深入的理解。

在理解了用户的需求和期望之后，设计师需要通过迭代的设计过程来满足这些需求。在设计过程中，设计师需要创建原型，然后测试这些原型，以验证它们是否符合用户的需求。这个过程可能需要反复进行，每次都根据测试结果对设计进行改进，直到达到满足用户需求的设计。在这个过程中，用户反馈是极其宝贵的资源。设计师需要不断地从用户那里获取反馈，并在设计中反映这些反馈。

用户中心设计还强调了用户参与。设计师需要邀请用户参与设计过程，让他们在某种程度上成为设计的一部分。这种参与可能包括用户访谈、用户测试，甚至是共同设计工作坊。通过这种方式，用户不仅能够直接影响产品的设计，还能够增强他们对产品的所有权感和归属感。最后，用户中心设计要求设计师考虑用户的能力和限制。设计师需要创建那些对用户来说易于理解、易于使用的产品，而不是迎合技术的复杂性。这就需要设计师对人类的认知能力、视觉能力、运动能力以及心理特性有深入的理解。

二、简化原则

简化原则是所有设计原则中的重要组成部分，它强调的是设计的简洁性和直观性，要求设计师通过简化和清晰化来提升用户体验和满足用户需求。

首先，理解简化原则的重要性，我们必须从设计的目的和目标说起。设计的终极目的是解决问题，帮助用户实现目标，提升用户的生活质量。

任何设计，无论是产品设计、软件设计还是建筑设计，都是为了让用户的生活或工作变得更轻松、更有效、更愉快。而实现这一目的的最佳途径就是通过简化设计，让用户能够更轻松、更直观地理解和使用产品。在具体操作中，简化原则要求设计师减少不必要的复杂性，让产品的形式和功能尽可能简洁和明了。设计的复杂性可能导致用户困惑，影响用户的使用体验。比如，如果一个产品的界面布满了复杂的按钮、图标和菜单，用户可能感到困扰，不知道如何使用。相反，如果界面设计得简洁明了，用户就可以更轻松地理解和使用产品。

然而，简化并不意味着省略或删减，而是要通过精心设计，保留最核心的功能和信息，去除那些无关紧要的细节和干扰。简化是一种艺术，需要设计师具有敏锐的洞察力，能够识别出最重要的元素，并通过简洁的表达方式呈现出来。简化原则也不意味着产品的设计不能有深度或多样性，而是要找到一种平衡，使得产品既简洁又具有足够的功能性和吸引力。简化设计还有助于提高产品的易用性和可用性。简洁的设计让用户更容易理解产品的功能和用法，从而提高产品的使用效率。简化设计还可以帮助用户快速地找到他们需要的信息或功能，减轻他们的心理负担和降低操作难度。此外，简化原则也有利于提高产品的可维护性和可扩展性。简单的设计结构更容易维护，更容易进行迭代和改进。同时，简洁的设计也为产品的进一步发展和扩展留下了空间。最后，简化原则还强调设计的普适性。通过简化设计，可以让产品更容易被不同的用户理解和接受，从而提高产品的普适性和市场竞争力。

总的来说，简化原则是产品设计的重要原则之一，它要求设计师以用户的需求和体验为中心，通过简化设计来提升用户体验，增强产品的易用性、可用性和吸引力。

三、一致原则

一致原则对于确保用户体验的连贯性和互动性起着至关重要的作用。

它可以降低用户的认知负荷，提升用户在使用产品的过程中的舒适度和满意度。一致性在设计中被看作某种规则或标准的遵守，无论是界面元素、颜色方案、字体、布局还是产品功能和行为，都应当保持一致。一致的设计让用户能预见接下来会发生什么，使他们能更快、更自然地理解和使用产品，因为它们遵循了用户已经熟悉的模式或规则。例如，考虑颜色和图标在产品设计中的一致性，用户会自然地对某种颜色或形状有某种预期，比如红色通常被关联到警告或停止，而绿色则与成功或前进关联。一旦这种关联建立，就应当在整个设计中保持一致性，否则可能导致用户混淆或误解。

字体和布局的一致性也有着类似的影响。同样的字体和布局在整个产品中的持续使用，可以建立一种视觉和感知上的连贯性，使用户更容易理解信息和导航结构。产品功能和行为的一致性也是极其重要的。用户通常会根据他们以前的经验，推断出未来的行为和结果。例如，如果一个按钮在一次点击后产生一个结果，用户会期望每次点击都会产生同样的结果。如果结果不一致，用户可能感到困惑，质疑自己的理解或者产品的可靠性。

一致性也可以进一步划分为内部一致性和外部一致性。内部一致性是指产品内部各个部分的一致性，比如同一个产品的各个界面应保持风格、色彩、字体的一致性。外部一致性是指产品与外部环境（如其他产品或平台）的一致性，比如在各个操作系统中，同一种操作（比如删除或保存）的图标应尽可能保持一致性。

总的来说，一致性原则在设计中的应用可以提升用户的理解，减少混淆，节省学习时间，提高用户体验。设计师应考虑如何在满足用户需求、实现设计目标和保持创新的同时，保持设计的一致性。

四、可用原则

产品设计的可用性原则，或者说易用性原则，是所有设计原则中的一个关键点。这一原则强调产品应当易于使用，友好地对待用户，确保用户在使用过程中能够方便、有效、愉悦地实现他们的目标。

在可用原则指导下进行直观的设计。直观的设计可以让用户立即明白如何使用产品，无须阅读复杂的说明或进行烦琐的操作。通过直观的设计，我们可以降低用户的学习成本，提高他们的使用效率。直观性常常依赖于良好的视觉设计、清晰的界面元素、直观的元素排布以及熟悉的操作模式。

在可用原则指导下进行易学性设计。易学性也是可用性的重要组成部分。易学性意味着用户可以快速地学习如何使用产品，甚至在没有指导的情况下也能进行基本操作。易学性常常依赖于简洁的设计、明确的指示以及良好的反馈机制。设计师需要确保他们的设计能够易于理解、易于掌握，这样用户在第一次接触产品时就能够快速上手。记忆性是指用户在一段时间不使用产品之后，能否快速回忆起如何使用产品。记忆性是可用性的另一个关键组成部分，它依赖于一致的设计、简洁的操作流程以及明确的界面元素。设计师需要确保他们的设计能够符合用户的记忆模式，这样即使用户在一段时间内不使用产品，也能快速回忆起如何操作。

满意度是衡量可用性的一个重要指标。满意度不仅仅关乎功能性，也关乎情感、体验。满意度是用户对产品的整体评价，它是基于用户的使用体验，包括产品的效率、效果，以及使用过程中的愉悦度。一个高满意度的产品不仅能够满足用户的功能需求，也能够带给用户愉悦的使用体验。

五、功能原则

功能性原则在产品设计中起着至关重要的作用，它强调产品应当具备满足用户需求的功能，同时避免加入不必要或可能分散用户注意力的功能。功能性原则的核心思想是，设计应以用户为中心，密切关注用户的需求和期待，确保设计的产品具有满足这些需求和期待的功能。

首先，是否有满足用户需求的功能是产品能否成功的关键。这就要求设计师需要对用户进行深入的研究和理解，知道他们在什么情境下，为了达成什么目标，需要什么样的功能。设计师应通过用户调研、用户访谈、观察等方式，收集并分析用户的需求和期待，然后将这些需求和期待转化为具体的产品功能。然而，设计并不仅仅是满足所有用户需求的过程，还需要考虑如何在满足需求的同时，保持产品的简洁性和易用性。设计师需要避免过度设计，即不必要地添加过多的功能，这可能导致产品变得复杂，分散用户的注意力，降低用户的使用体验。设计师应该追求的是精简和实用，即提供足够的、必要的功能，以满足用户的主要需求。

在保持功能的精简和实用的同时，设计师还需要注意功能的可访问性和可发现性。用户应该能够容易地找到并使用到他们需要的功能。这就需要设计师将功能布局得清晰易懂、提示得恰到好处。用户在使用过程中，应能自然地被引导到他们想要的功能。另外，设计师还需要关注功能的灵活性和可扩展性。功能的设计不应仅满足现在的需求，还应考虑未来可能发生的变化和发展。设计师需要预见和计划产品功能的演进，以适应用户需求的变化和市场环境的变动。

功能性原则还要求设计师对功能的实现进行反复测试和优化。设计师需要确认功能是否真正满足用户的需求，是否易于使用，是否达到预期的效果。设计师应通过用户测试、反馈和评估，不断地迭代和优化功能，以实现最佳的用户体验。

六、可扩展原则

可扩展原则是产品设计中的一项关键原则，它指出良好的设计需要考虑未来可能发生的需求变化，产品设计需要足够的灵活性，以便在未来进行修改或扩展。此原则强调设计的前瞻性、灵活性和适应性，使产品能够随着时间的推移和环境的变化保持其价值和效用。设计的前瞻性意味着设计师需要预见未来可能出现的场景和需求。在产品设计的早期阶段，设计师就应该考虑技术的演进、市场的变化、用户需求的发展等因素，以便设计出可以适应未来变化的产品。灵活性是设计可扩展性的关键因素。灵活的设计允许产品进行修改和扩展，以适应新的需求和条件。这可能包括添加新功能，改进现有功能，优化用户界面，调整性能，等等。产品的灵活性可以通过模块化设计、开放接口、可配置选项等方式来实现。适应性则强调设计应能够适应各种不同的环境和条件。一个具有良好适应性的设计，不仅可以应对当前的需求和环境，还可以适应未来可能出现的新需求和新环境。例如，一个具有良好适应性的网页设计，可以在各种屏幕大小和分辨率的设备上都表现良好。

总的来说，可扩展原则强调设计的灵活性和适应性，要求设计师在设计产品时考虑未来可能出现的需求和环境变化。通过遵循可扩展原则，设计师可以设计出更具持久价值、更能适应变化的产品，从而提供更优质的用户体验。

七、审美吸引原则

审美吸引原则是产品设计中的重要原则之一，它指出产品应该具有吸引力，能引起用户的兴趣和喜爱。这一原则涵盖了产品设计的视觉、触觉等各个方面，强调产品的外观和感觉应当使人愉悦，引人入胜。

产品的视觉吸引力是吸引用户注意力的重要方式。设计师通过使用各种色彩、形状、排版、图像和动画等元素，创造出美观、独特、和谐的视觉效果。产品的颜色应当既能够反映出品牌的形象，也能引发用户的正面情绪。产品的形状和排版则应当清晰、整洁，方便用户理解和使用。

产品的触觉吸引力同样重要。如果是实体产品，材料的选择和处理，以及产品的形状和尺寸，都会影响用户的触觉体验。如果是数字产品，如软件或应用，触觉反馈的设计，如按键的反馈、页面的滚动效果等，也会影响用户的使用体验。

审美吸引力原则还强调整体性和和谐性。设计师应该将产品视为一个整体，各个设计元素应当协调一致，共同营造出吸引人的审美体验。无论是色彩的选择、形状的设计还是材料的应用，都应当符合整体的设计语言和风格。

总的来说，审美吸引力原则是产品设计的重要部分，它不仅会影响用户对产品的第一印象，也会影响用户的使用体验和满意度。通过遵循审美吸引力原则，设计师可以设计出既实用又美观的产品，既可以满足用户的功能需求，同时也可以满足他们的审美需求。

第三节　产品设计的禁忌

一、忽视用户需求

忽视用户需求被广泛认为是产品设计中的一大禁忌。一个优秀的产品设计需要围绕用户的需求进行，这是因为用户是产品的最终使用者，他们的反馈和评价在很大程度上决定了产品的成功与否。如果产品设计者在设计过程中忽视了用户需求，这就可能导致产品无法满足用户的实际需要，从而导致产品的失败。

一般来说，用户需求可以分为显性需求和隐性需求。显性需求是用户能够明确表达出来的需求，如产品的功能、性能、操作便利性等。而隐性需求则是用户可能并未明确表达，但对产品满意度产生重要影响的需求，如产品的感官体验、情感价值等。优秀的产品设计需要同时考虑这两方面的需求，以全面满足用户的期待。了解用户需求的方法有很多，如进行用户访谈、调查问卷、用户观察等。但仅仅收集用户需求是不够的，更重要的是理解和解读用户需求，揭示用户的真实需求和深层次需求。这需要设计者具备深厚的人文社科知识，以及敏锐的洞察力和同理心。

忽视用户需求的后果可能非常严重。一方面，如果产品不能满足用户的实际需要，用户可能选择不使用这个产品，或者转而使用其他满足其需求的产品，从而导致产品的商业失败。另一方面，如果产品设计忽视了用户的隐性需求（比如忽视了用户的使用体验或情感需求）那么用户可能对产品产生负面的感情，从而影响产品的口碑和品牌形象。

总的来说，忽视用户需求是产品设计中的一大禁忌，这不仅会导致产品的商业失败，还可能对品牌造成长期的负面影响。因此，作为产品设计者，我们必须始终以用户为中心，深入了解和理解用户需求，以此为指导进行产品设计。

二、过于复杂难懂

过度复杂的产品设计和难以理解的用户界面无疑是产品设计中的一大禁忌。当用户在使用产品时感到困惑和挫败，这往往会降低他们对产品的满意度，甚至可能导致他们放弃使用产品。简洁、直观的设计不仅能够提高用户的使用效率，还可以增强用户的使用体验，从而提升产品的整体价值。

产品设计的复杂性往往源于对功能的过度追求。设计者可能被诱惑去添加更多的功能和选项，以期满足更多的用户需求。然而，功能的增加往往会带来界面的复杂性，从而降低用户的使用效率和满意度。在这种情况下，设计者需要进行权衡，找到功能丰富与易用性之间的最佳平衡点。

简洁、直观的设计原则适用于产品的各个方面，包括产品的形态设计、功能设计、界面设计等。例如，在形态设计中，设计者应尽可能减少不必要的装饰和细节，让产品的形状和结构更加清晰易懂。在功能设计中，设计者应尽可能减少不必要的功能和选项，让用户可以更容易地找到他们需要的功能。在界面设计中，设计者应尽可能减少不必要的元素和操作步骤，让用户可以更直观地理解和操作界面。

过度复杂的产品设计不仅会降低用户的使用效率和满意度，还可能增加产品的开发和维护成本。因此，设计者需要在设计过程中始终保持对简洁、直观的追求。在实践中，这可能需要设计者进行多次的试验和迭代，以不断优化产品的设计。而且设计者还需要考虑用户的学习曲线。即使是最简洁、最直观的设计，也可能需要用户花费一定的时间和精力去学习和熟悉。因此，设计者还需要提供充足的学习资源和帮助，（比如用户手册、在线帮助、教程视频等）以帮助用户更快地掌握产品的使用方法。

总的来说，过度复杂的产品设计是产品设计中的一大禁忌。设计者应追求简洁、直观的设计，以提供良好的用户体验和易用性。同时，设计者还需要提供充足的学习资源和帮助，以帮助用户更快地掌握产品的使用方法。

三、缺乏美学质感

缺乏美学和质感的产品设计是产品设计中的一大禁忌。产品的外观和感觉对于用户的吸引力和体验具有决定性的影响。它们不仅能够激发用户的情感共鸣，而且能够提高产品的价值和竞争力。然而，往往有些设计者在追求功能和性能的同时，忽略了产品的美学和质感，这无疑是对产品设计的一种误解和忽视。

美学在产品设计中的重要性不言而喻。美学是一种对美的认知和感知，它不仅表现在产品的外观设计中，也表现在产品的使用体验中。一个具有美学的产品，可以让人在视觉上产生愉悦感，也可以在使用过程中产生舒适感。因此，设计者在设计产品时，不仅要考虑产品的功能和性能，也要注重产品的美学设计，以提供更好的用户体验。美学质感也是产品设计中必不可少的要素。质感通常体现在产品的材质、色彩、纹理等方面，它能够传达出产品的品质和价值。一个具有良好质感的产品，可以让人在触感上产生满足感，也可以让人在心理上产生信任感。因此，设计者在设计产品时，也要考虑产品的质感，以展现产品的品质和价值。

然而，美学和质感的设计并不是一个简单的过程，它需要设计者具有深厚的艺术修养和敏锐的审美观念。设计者需要深入研究用户的审美偏好，以及市场的流行趋势，从而设计出符合用户期待的美学和质感。此外，设计者还需要充分利用各种设计工具和技术，以实现更高层次的美学和质感表达。

总的来说，缺乏美学和质感的产品设计是产品设计中的一大禁忌。设计者在设计产品时，不仅要考虑产品的功能和性能，也要注重产品的美学和质感，以提供更好的用户体验和展现产品的品质和价值。通过美学和质感的设计，产品不仅可以激发用户的情感共鸣，也可以提高其价值和竞争力。

四、忽视可持续性

忽视可持续性是产品设计中的一大禁忌，尤其是在今天环境问题日益严重的背景下。可持续性是一个复杂且多维度的概念，它涉及减少资源消耗、降低环境影响、减少废物产生、实现循环利用等诸多方面。当设计师在设计产品时忽视这些因素，就可能造成资源的浪费、环境的污染和生态的破坏，这不仅对环境和社会造成伤害，也将影响产品的长期价值和竞争力。

设计师在设计产品时，应该从源头上减少资源消耗。这不仅涉及使用更加节能、环保的设计和生产方法，也包括采用可再生、可降解的材料，以及优化产品结构，提高材料使用效率。通过这些措施，可以降低产品的生产成本，也可以减少对资源的依赖，实现更加可持续的生产。

设计师应该考虑产品的生命周期影响，包括产品的使用、维修、更新和回收等各个阶段。在产品的使用阶段，应设计出更加节能、耐用的产品，以减少能源消耗和碳排放。在产品的维修和更新阶段，应设计出易于维修、更新的产品，以延长产品的使用寿命。在产品的回收阶段，应设计出易于回收、处理的产品，以减少废物产生和环境污染。

设计师应该积极推动绿色、环保的设计理念，通过设计教育和设计实践，向公众传播可持续性的重要性。只有当公众对可持续性有了深入的理解和认同，才能真正推动可持续性在产品设计中的实践。

总的来说，忽视可持续性是产品设计中的一大禁忌。设计师在设计产品时，应该充分考虑可持续性的要素，从源头上减少资源消耗、降低环境影响、减少废物产生，实现可持续的生产和使用。只有这样，才能真正实现产品设计的可持续性，提高产品的长期价值和竞争力。

五、忽视安全和隐私

在产品设计过程中，忽视用户的安全和隐私保护是一种重大的错误，可能引发严重的后果。在当今社会，用户的安全和隐私权益受到了越来越多的重视。设计师如果忽视这两个因素，可能导致用户对产品的信任度降低，进而影响产品的市场接受度和竞争优势。

专业人员要理解什么是用户的安全和隐私。安全主要指产品在使用过程中不会对用户造成伤害或损失，包括物理安全、数据安全等方面。例如，产品应设计成防滑、防触电、防爆炸等，以避免在使用过程中发生意外。数据安全则是指产品在收集、存储、处理和传输用户数据时，应确保数据的完整性、可用性和机密性，防止数据被泄露、篡改或丢失。

隐私则主要指保护用户的个人信息不被未经许可地收集、使用、披露或销毁。例如，产品在收集用户数据时，应获得用户的明确同意，并明确告知用户数据的收集目的、范围、保护措施等信息。产品在使用用户数据时，应遵守法律法规和用户的隐私设置，不能随意分享、出售或公开用户的个人信息。

在产品设计过程中，设计师应充分考虑用户的安全和隐私需求。在产品的设计和生产过程中，应采取必要的措施来保护用户的安全和隐私，包括优化产品结构、使用安全的材料和技术、设置安全防护装置、实施严格的数据保护措施等。在产品的使用和服务过程中，也应尊重用户的隐私权，通过透明、公正、合理的方式来收集、使用和管理用户数据。

总的来说，忽视用户的安全和隐私保护是产品设计中的一大禁忌。产品设计应以用户为中心，从用户的角度出发，深入了解和满足用户的安全和隐私需求，以提升用户的信任和满意度，促进产品的成功和可持续发展。

六、忽视反馈问题

在产品设计过程中，忽视用户反馈是一种常见且危险的错误。用户的反馈提供了对产品性能、功能和易用性的直接评估，以及对产品潜在问题和改进空间的关键洞察。如果设计师忽视了这些信息，可能导致产品的停滞、陈旧，甚至无法满足市场和用户的需求。

用户反馈是在产品设计中获得一手用户体验信息的重要渠道。无论是通过在线评价还是通过调查问卷、亲身试用，或是直接与用户交谈，这些反馈都提供了宝贵的数据和见解，帮助设计师理解产品在真实世界中的表现，以及用户的真实需求和期望。

在一个竞争激烈的市场环境中，用户的需求和期望正在不断变化。通过持续的用户反馈，设计师可以及时发现新的市场趋势，及时调整和优化产品设计，以保持产品的领先地位。反馈也可以揭示产品中存在的问题和缺陷，为产品改进和创新提供方向。

用户反馈不仅可以帮助改进现有产品，还可以激发新的设计思路和创新灵感。一些原本设计师未曾考虑的功能、特性或解决方案，可能在用户反馈中被提及。这些反馈可以为产品的迭代更新和新产品的开发提供宝贵的输入。

但是，仅仅收集用户反馈是不够的，更重要的是要对这些反馈进行深入的分析和理解，以便从中提炼出有价值的信息和见解。设计师应该学会如何正确地解读和应用用户反馈，如何在众多的反馈中找出真正有价值和有影响力的信息，以便做出正确的设计决策。

综上所述，忽视用户反馈是产品设计中的一大禁忌。对用户反馈的重视和有效利用可以帮助设计师改进产品、满足市场和用户的需求、提升产品的竞争力和成功率。因此，产品设计应该注重用户反馈，倾听用户的声音，通过持续改进和创新，实现产品的持续优化和卓越表现。

第四章　产品创新设计与产品设计的关系

第一节　产品创新设计

一、产品创新设计的重要性和背景

产品创新设计的重要性和背景是基于现代商业环境中日益激烈的竞争和不断变化的市场需求。在当今快速发展的全球经济中，产品创新设计成为企业保持竞争优势、实现持续增长和满足用户需求的关键因素。

（一）产品创新设计是企业获取和保持竞争优势的重要途径

在当今这个快速变化、竞争激烈的商业环境中，产品创新设计已经成为企业获取和保持竞争优势的重要途径。在全球化、数字化和个性化的趋势下，用户的需求和期望正在不断变化，而技术和市场环境也在持续发展和变化。企业必须进行持续的产品创新，才能适应这些变化，满足用户的新需求，保持市场的领先地位。

产品创新设计首先可以帮助企业吸引更多的用户。新颖、独特和高质量的产品往往能引起用户的注意和兴趣，满足他们的个性化需求，从而吸引他们购买和使用。与传统的产品相比，创新产品往往具有更高的吸引力和影响力，更能引发用户的购买欲望。产品创新设计也能帮助企业提高市场份额。通过开发新的产品和服务，企业可以开辟新的市场领域，扩大市场覆盖，提高市场份额。在一个竞争激烈的市场环境中，持续的产品创新是企业获取更大市场份额的关键。而且，产品创新设计还能帮助企业建立品牌价值和声誉。一个创新、独特和高质量的产品，不仅可以满足用户的需求，还可以提升企业的品牌形象，增强企业的声誉和影响力。通过持续的产品创新，企业可以在用户和市场中建立独特的品牌定位和竞争优势，从而提升品牌的价值和声誉。

但是，产品创新设计并不是一蹴而就的过程，而是需要持续的努力和投入。企业需要建立一个创新的组织文化和机制，培养和吸引创新的人才，投资和利用新的技术和方法，以实现持续的产品创新。只有这样，企业才能在竞争激烈的市场中保持领先地位，实现长期的成功。

总的来说，产品创新设计是企业获取和保持竞争优势的重要途径。通过持续的产品创新设计，企业不仅可以满足用户的需求，提高市场份额，还可以提升品牌价值和声誉，实现长期的成功。

（二）产品创新设计致力于了解用户需求并提供与之匹配的解决方案

深入理解用户需求并提供与之匹配的解决方案已经成为产品创新设计的关键。这一策略的核心是对用户的深度理解，包括他们的需求、期望、行为模式、喜好、痛点等。只有通过这种深度理解，企业才能创新设计出真正满足用户需求的产品和服务，从而在市场中获得竞争优势。

产品创新设计过程中的第一步就是用户研究。用户研究的目的是收集和分析关于用户的信息，以了解他们的需求、偏好和行为。用户研究的方法包括访谈、观察、问卷调查、用户测试等。通过这些方法，设计者可以从用户的角度看待问题，深入理解用户的真实需求。然后，设计者需要根据用户研究的结果，定义产品的目标用户群和关键需求。这一步骤要求设计者把用户研究的结果转化为明确的设计目标和指导原则，以便指导产品设计的后续步骤。

接下来，设计者需要进行创新的设计思考，开发出与用户需求匹配的解决方案。这一步骤要求设计者运用创新的思维方式（如设计思维、系统思维、批判性思维等）以创新和有效的方式解决用户需求。设计者也需要考虑产品的技术可行性、经济可行性和市场可行性，以确保产品的成功。最后，设计者需要进行产品的原型设计和测试，以验证和优化设计方案。这一步骤要求设计者创建产品的实体或虚拟原型，然后进行用户测试和反馈，以评估产品的效果和改进设计。

总的来说，产品创新设计致力于深入了解用户需求并提供与之匹配的解决方案。这一过程涉及用户研究、需求定义、创新设计思考和产品测试等多个步骤，需要设计者运用创新的思维方式、多种研究方法和实践技巧，以创新和有效的方式满足用户需求。这种以用户为中心的产品创新设计策略，不仅能帮助企业开发出更具吸引力和实用性的产品，还能提升用户体验、提高用户满意度，从而在市场中获取竞争优势。

（三）产品创新设计有助于企业开辟新的市场和业务机会

产品创新设计已成为开辟新的市场和业务机会的关键。这种创新可以是技术创新，也可以是设计创新，包括但不限于新产品的引入、现有产品的改进，或者新的用户体验的构建。通过不断的创新，企业不仅可以维持其现有的市场份额，而且能开辟新的市场领域，发现新的客户群体，进而实现市场多样化和扩大市场份额。

产品创新设计能帮助企业在市场上打造独特的品牌形象。创新的产品能展现出企业的独特视角和核心价值，使企业在同行中脱颖而出。这种独特性不仅能吸引目标消费者，而且能激发他们的兴趣和好奇心，使他们愿意尝试和购买企业的产品。这样一来，企业就能打开新的市场领域，吸引新的客户群体。

产品创新设计能帮助企业找到新的业务机会。在设计过程中，企业可能发现新的技术或者新的应用领域，从而找到新的业务机会。例如，一款新的技术产品可能引领一种新的生活方式或者工作方式，这就为企业提供了新的市场机会。产品创新设计还能帮助企业跟上市场趋势和用户需求的变化。随着社会和科技的发展，市场趋势和用户需求也在不断变化。只有不断进行产品创新设计，企业才能及时适应这些变化，满足新的市场需求，从而在竞争激烈的市场中取得优势。可见，产品创新设计对于开辟新的市场和业务机会具有重要意义。它能帮助企业打造独特的品牌形象，找到新的业务机会，以及跟上市场趋势和用户需求的变化。因此，企业应该将产品创新设计作为其核心竞争策略的一部分，以便在瞬息万变的市场环境中保持领先地位。

（四）产品创新设计注重用户体验的提升

如今产品创新设计越来越注重用户体验的提升。用户体验涵盖了用户在使用产品或服务过程中的所有感受，包括情感、信念、偏好、知觉、生理和心理反应、行为和成就等方面。优秀的用户体验可以增强用户的满意度和忠诚度，从而提升品牌形象和口碑。这是因为用户的满意度和忠诚度会直接影响产品的销售和市场份额，而口碑则会影响产品的长期发展和企业的市场地位。

用户体验的提升始于对用户需求的深入理解。企业应通过用户研究、市场调查等方式，深入了解用户的需求、偏好和行为，从而找出他们的真正需求，这是设计出满足用户需求的产品的基础。

用户体验的提升要求产品设计的全方位考虑。产品设计不仅要考虑产品的功能和性能，还要考虑产品的操作界面、易用性和美感等方面。这些因素都会影响用户对产品的感知和评价。例如，操作界面是否直观、是否容易上手；产品的外观设计是否美观、是否能引起用户的好感；等等。此外，用户体验的提升也需要企业不断进行产品优化和改进。企业应定期收集用户反馈，对产品进行优化和改进，以满足用户的不断变化的需求。同时，企业还应定期更新产品，以保持产品的新鲜感，吸引用户的持续关注。最后，用户体验的提升需要企业建立完善的服务体系。服务是产品的延伸，良好的服务可以提高用户的满意度和忠诚度。因此，企业应提供全方位、高质量的服务，包括售前咨询、售后服务、技术支持等。

（五）产品创新设计对于推动整个行业的发展和创新至关重要

产品创新设计对于推动整个行业的发展和创新起着关键的作用。这是因为，当企业进行产品创新设计时，它们不仅是在改进自身的产品和服务，也是在推动整个行业的进步和变革。

首先，产品创新设计可以引领行业的技术进步。在科技日新月异的今天，新的技术和方法在不断涌现，企业通过持续创新，研发新的产品，尝试新的技术和方法，可以推动技术的进步和普及。一些创新的产品甚至能开创新的市场，成为新的行业标准，比如智能手机的出现，不仅改变了手机行业，也对整个信息通信行业产生了深远影响。

其次，产品创新设计可以推动行业的服务模式和商业模式的创新。通过创新设计的产品，企业可以探索新的服务模式和商业模式，如今天的订阅经济、共享经济等新型商业模式，都是伴随着产品创新设计的出现而崭露头角的。此外，产品创新设计还可以促进产业链的升级和转型。新的设计思维和方法的运用，可以推动相关产业的技术升级，增强产品的附加值，使得产业链由低端向高端转型。如以用户为中心的设计理念，可以将原本以生产为主导的产业链转型为以用户需求为导向的产业链，从而实现产业链的价值升级。

最后，产品创新设计可以推动行业的绿色转型。在全球可持续发展的大背景下，产品设计越来越注重环保和可持续性。通过创新设计，企业可以推动产品的绿色转型，引导整个行业走向更环保、更可持续的发展道路。

（六）产品创新设计能够提高企业的创新能力和创新文化

产品创新设计不仅是企业发展的关键，而且在很大程度上塑造和提升了企业的创新能力和创新文化。这种影响可以从以下几个方面来看。

第一，产品创新设计可以培养企业的创新思维。这种创新思维在产品设计中表现为思维的灵活性、跨界思考、问题解决能力等。创新设计需要设计师去超越现有的知识和经验，以创新的视角去理解用户需求、去发现新的市场机会。去解决复杂的设计问题。这种创新思维的培养，不仅限于产品设计部门，也会影响企业的其他部门，推动整个组织的创新思维。

第二，产品创新设计可以鼓励企业的创新实践。在产品设计的过程中，设计师需要不断试验新的方法、新的技术、新的工具，这种试错的过程就是创新的实践过程。这种创新实践的经验，会为企业积累宝贵的经验和知识，提高企业的创新能力。

第三，产品创新设计可以推动企业创新文化的建设。创新文化是企业创新的土壤，一个鼓励创新、容忍失败的创新文化，能够激发员工的创新热情，鼓励员工进行创新实践。在产品设计的过程中，企业需要提供一个开放、协作、容忍失败的环境，让设计师可以自由地表达自己的想法，可以自由地进行创新尝试，这就是创新文化的体现。

第四，产品创新设计可以推动企业的组织创新。在进行产品创新设计时，企业需要跨部门合作，需要打破原有的组织结构和工作流程，这种变革可以推动企业的组织创新，提高企业的运行效率和创新速度。

（七）产品创新设计促使企业应对市场“风起云涌”

在快速变化的市场环境中，产品创新设计是企业维持竞争力、适应变革的重要手段。这种重要性可以从以下几个方面来理解。

第一，产品创新设计使企业能够快速应对市场需求的变化。市场需求是不断变化的，这种变化可能来自用户的行为变化、技术的进步、社会的发展等。通过产品创新设计，企业能够及时洞察到这些变化，转化为产品的改进和创新，从而满足新的市场需求。

第二，产品创新设计使企业能够抓住市场的新机会。在市场中，总是存在着新的机会和潜力，如新的用户群体、新的消费趋势、新的市场细分等。通过产品创新设计，企业能够发现和抓住这些机会，开发出有针对性的新产品，获取新的市场份额。产品创新设计还能够使企业应对市场的竞争压力。在竞争激烈的市场中，产品创新设计是企业获得竞争优势的重要手段。通过推出新颖、独特的产品，企业能够区别于竞争对手，吸引更多的用户，提高市场份额。

第三，产品创新设计使企业能够建立起灵活的产品策略和组合。在不断变化的市场环境中，企业需要灵活调整其产品策略和产品组合，以适应市场的变化。这种调整可能包括新增产品、优化产品、淘汰产品等，而这些调整的基础就是产品创新设计。

二、产品创新设计对企业竞争力和市场成功的影响

产品创新设计对企业竞争力和市场成功具有重要而深远的影响。

（一）产品创新设计使企业能够不断推出独特和创新的产品

产品创新设计让企业有能力不断推出独特和创新的产品，对于企业的竞争力和市场成功具有深远的影响。一个独特且创新的产品可以在众多同质化的产品中脱颖而出，吸引消费者的注意，引领市场潮流，提升品牌影响力，从而赢得市场份额。

创新的产品可以满足消费者对于新奇、个性化的需求。随着消费者的消费观念和行为的转变，他们更倾向于寻求新鲜的、能表达个性的产品。因此，通过产品创新设计，企业能够满足这种新的消费需求，吸引更多的消费者。创新的产品可以帮助企业区分竞争对手，获取竞争优势。在激烈的市场竞争中，一个独特且创新的产品可以让企业在众多同质化

的产品中脱颖而出，成为消费者的首选，从而赢得市场份额。创新的产品可以提升企业的品牌形象、增强品牌影响力。一个具有创新性的产品，可以反映出企业的创新精神和科技实力，有助于塑造一个前卫、时尚、高科技的品牌形象，从而提升品牌的影响力。创新的产品还可以引领市场潮流，开辟新的市场领域。一个创新的产品，可能带来一种新的消费习惯，引领一种新的市场潮流，从而帮助企业开辟新的市场领域，实现市场多元化。

总的来说，产品创新设计对于企业的竞争力和市场成功具有重要的影响。它不仅可以满足消费者的新需求，赢得市场份额，还可以提升企业的品牌形象，引领市场潮流，开辟新的市场领域。

（二）产品创新设计帮助企业提高市场占有率

产品创新设计在帮助企业提高市场占有率方面扮演着至关重要的角色。在当今快速变化的市场环境中，消费者对新颖和高质量的产品的需求不断增加。企业通过产品创新设计，能够以更具吸引力的产品来满足这些需求，并以此来增加市场份额。

首先，产品创新设计可以通过提供独特的价值主张来吸引消费者。当企业开发出具有创新特性的产品时，它为消费者提供了一种新的选择。这些创新产品通常会解决市场上已有产品无法解决的问题或以更有效的方式满足用户需求，从而吸引更多消费者的关注和购买。

其次，产品创新设计能够促使企业快速适应市场变化。随着技术的发展和消费者需求的变化，市场环境持续演变。通过产品创新，企业能够迅速适应这些变化，并为消费者提供他们需要的产品，从而保持在市场上的领先地位。

再次，产品创新设计还能够提升品牌形象。一个创新的产品可以展示企业的技术实力和创新能力，有助于建立和提升品牌形象。这会使消费者更加信任该品牌，并更愿意购买其产品，从而增加市场份额。

最后，通过产品创新设计，企业还能够提高其产品的附加值。通过开发具有高附加值的创新产品，企业可以为其产品设定更高的价格，从而提高利润率。这不仅可以增加企业的收入，还可以为其提供更多的资源来进行进一步的创新和扩张。

（三）产品创新设计使用户能够享受到更好、更便捷、更有乐趣的产品体验

产品创新设计在提供更好、更便捷、更有乐趣的用户体验方面起着核心作用。在当前的用户中心化时代，提供卓越的用户体验已经成为产品成功的关键因素之一。企业通过产品创新设计可以持续改善和优化用户体验，满足用户的期望并超越他们的预期。

通过产品创新设计，企业可以创造出具有新颖功能和特性的产品。这些新的功能和特性可以解决用户在使用过程中遇到的问题，提供更便捷的使用方式，或者为用户带来新的乐趣和惊喜。比如，智能手机的触控屏幕、语音助手和面部识别等创新功能，极大地改善了用户的交互体验，使得手机操作更为简便且富有乐趣。产品创新设计可以通过优化产品的形态和材质，提升产品的观感和触感，从而提供更好的感官体验。例如，产品设计师可以通过运用新的设计理念和材料，改进产品的外观设计，让产品既美观又易于操作，为用户带来愉悦的视觉和触觉体验。

产品创新设计还可以通过改进产品的界面和交互方式，提供更优的使用体验。比如，设计师可以采用人性化的设计原则，让用户可以更直观地理解和操作产品，减少用户的学习成本和使用困扰，提高产品的易用性和满意度。此外，产品创新设计可以通过整合和升级产品的服务体验，提升用户的满意度和忠诚度。例如，企业可以通过创新设计提供个性化的服务、方便的售后支持、及时的更新等，让用户感到被尊重和关心，从而建立与用户的长期关系，提高用户的满意度和留存率。

（四）产品创新设计可以促使企业成为行业的领导者和创新引领者

产品创新设计是推动企业成为行业领导者和创新引领者的重要手段。通过创新设计，企业能够开发出独特且具有影响力的产品，不仅能满足用户需求，更能引领行业发展趋势和改变市场规则。

首先，产品创新设计可以帮助企业引领行业技术发展。企业在产品设计中引入新的技术和理念（如人工智能、大数据、物联网等）不仅能提升产品的功能和性能，更能推动行业技术水平的提升。例如，苹果公司在推出苹果手机时，其创新的触控屏设计和手机操作系统引领了智能手机行业的发展，改变了全球手机市场的格局。

其次，产品创新设计可以帮助企业开创新的市场。当企业开发出满足特定需求群体或创新应用场景的产品时，可能催生出新的市场细分。比如，特斯拉通过电动汽车的创新设计，不仅满足了人们对环保出行的需求，更开创了全新的电动车市场，并逐步引领电动汽车行业的发展。

再次，产品创新设计能使企业在竞争中脱颖而出，成为行业的领导者。那些拥有创新产品的企业，往往能够提供超出市场预期的价值，获得更多的市场份额和影响力。例如，亚马逊在推出 Kindle 电子书阅读器时，其创新的电子墨水技术和电子书商店使其在电子阅读器市场上占据主导地位。

最后，产品创新设计还能够帮助企业塑造和维护其领先的品牌形象。当一个企业的产品设计始终处于行业前沿，其品牌往往被视为行业标杆，吸引更多用户的青睐。比如，谷歌凭借其创新的搜索算法和个性化服务，成为全球互联网搜索的领导者，其品牌被广泛认为是创新和技术领先的象征。

综上所述，产品创新设计不仅可以满足当前的市场需求，更能塑造企业的长远竞争优势，推动企业成为行业的领导者和创新引领者。

（五）产品创新设计促使企业打造具有独特性和创新性的品牌形象

产品创新设计在打造企业的独特性和创新性品牌形象上起着至关重要的作用。品牌形象是消费者对品牌的整体感知和印象，其中包括品牌的个性、价值、风格、声誉等。通过创新设计，企业能够向消费者传达其对创新的承诺和能力，从而塑造出独特且富有创新性的品牌形象。

产品创新设计能够凸显企业的技术实力和创新精神。例如，苹果公司以其独特的设计和创新的技术，推出了一系列标志性产品，这些产品不仅在功能和性能上引领了行业的发展，而且在设计美学和用户体验上树立了新的标准。这使得苹果在消费者心中形象独特，成为象征创新和优质设计的品牌。产品创新设计可以帮助企业区分竞品，独树一帜。例如，戴森公司通过其创新的无叶风扇和无线吸尘器设计，成功在家电行业树立了其高端、科技、创新的品牌形象，让人们对其产品有了深刻的印象。

此外，产品创新设计能够赋予品牌情感价值和文化含义。例如，耐克的产品设计常常富有运动精神和挑战自我的内涵，这种设计理念和品牌所倡导的口号相得益彰，使得耐克的品牌形象深入人心。而且，产品创新设计可以引领市场和消费者趋势，从而塑造企业的领导者形象。比如，特斯拉公司通过其电动汽车的创新设计，引领了汽车行业的电动化和自动驾驶趋势，从而在消费者心中树立了其行业领导者和创新者的形象。

三、未来产品创新设计的趋势和发展方向

未来产品创新设计将受到许多因素的影响，包括技术进步、社会变革和市场需求的演变。

（一）智能化产品将成为未来的主要趋势

随着科技的飞速发展，智能化产品的设计成为未来产品创新设计的主要趋势。智能化产品是指集成了人工智能、大数据、物联网等先进技术的产品，它们具有自我学习、自适应、自主决策等特性，能为用户提供更智能、更个性化、更便捷的体验。

人工智能的运用在产品设计中越来越普遍。例如，智能音箱如亚马逊的 Echo 和谷歌的 Home，通过 AI 技术，可以理解和执行用户的语音指令，为用户提供音乐播放、智能家居控制、信息查询等服务。另外，AI 也在一些传统的家电产品中得到运用，比如智能冰箱、智能空调等，它们可以根据用户的使用习惯和环境情况自动调整运行模式，提高能效并提升用户体验。

物联网技术的应用正在改变产品设计。在物联网的链接下，各类设备可以实现数据共享和联动，形成智能家居、智能城市等系统。例如，通过智能家居系统，用户可以远程控制家中的各种设备，如照明、空调、安全系统等，极大地提升了生活的便利性。

大数据和云计算的应用正在推动产品智能化。这些技术可以帮助产品收集和分析用户的使用数据，以了解用户的需求和行为，从而提供更个性化的服务。例如，流媒体服务平台如 Netflix 和 Spotify，通过收集和分析用户的观看和听歌行为，可以推荐符合用户喜好的电影和音乐。

此外，未来的智能化产品还将更加注重隐私保护和安全性。随着产品越来越多地收集和处理用户数据，如何保护用户的隐私和数据安全成了一个重要的议题。未来的产品设计将需要在提供智能服务的同时，保证用户的数据安全和隐私权。

总的来说，未来产品创新设计的主要趋势是向智能化方向发展。随着科技的进步，我们可以预见，未来的产品将会更加智能、更加个性化、更加便捷，为人们的生活带来更多的便利和乐趣。同时，如何处理智能

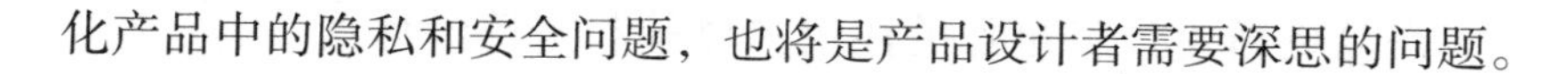

化产品中的隐私和安全问题，也将是产品设计者需要深思的问题。

（二）产品创新设计将更加注重可持续性和环境友好性

在全球环境问题日益严重的今天，产品创新设计更加注重可持续性和环境友好性，这成为一种不可或缺的趋势。企业和设计师们开始更加重视产品的全生命周期，包括其材料选择、生产过程、使用过程以及废弃处理，力求在每个环节都实现环保和可持续。

可再生和生物降解材料的使用越来越广泛。比如华为公司推出的一些新款手机开始使用可降解的生物塑料，以降低产品对环境的负面影响。同样，一些日常用品（如牙刷和咖啡杯）也有更多的品牌开始推出由竹子或者玉米淀粉等可降解材料制作的环保版。

环保生产过程得到了越来越多的重视。许多企业开始采用清洁生产技术，减少生产过程中的废物排放和能源消耗。例如，比亚迪汽车公司在电动汽车的生产过程中，实施了一系列的环保措施，如使用太阳能发电系统，采用回收水系统，以及通过自动化和精细化管理减少废物产生。

产品的能效和使用寿命也成了设计的重要因素。比如海尔的一些节能电器，他们在设计中考虑了产品的能效，使得产品在使用过程中可以节省能源。此外，他们还提供了长期的保修服务，延长了产品的使用寿命，减少了废弃物的产生。

在产品的废弃处理方面，更多的企业开始实施回收和再利用计划。例如，小米推出了“回收换新”计划，用户可以将旧的小米产品回收，换取购买新产品的优惠，旧产品则会被回收再利用或者环保处理。许多企业也开始推动用户的环保行为。他们的服务不仅为用户提供了便捷的出行方式，同时也减少了私家车的使用，降低了碳排放。

综上所述，未来产品创新设计将更加注重可持续性和环境友好性。从材料选择、生产过程、使用过程到废弃处理，每个环节都将尽可能地减少对环境的影响。

（三）产品创新设计将更加关注用户体验和情感设计

随着消费者需求的多样化和个性化，产品创新设计越来越关注用户体验和情感设计。这不仅表现在产品的功能性和实用性上，也体现在产品如何满足用户的情感需求、如何提供愉悦的使用体验，以及如何通过产品传达品牌的价值和情感上。

首先，设计师们开始更加重视产品的人性化和个性化设计。他们试图理解和揣摩用户的需求和期望，以设计出更符合用户习惯和喜好的产品。比如，一款蓝牙耳机，除了音质的优秀，设计师可能考虑用户在运动时的舒适度，设计出符合耳形、不易掉落的造型，甚至允许用户根据自己的喜好选择颜色和图案。

其次，产品设计开始更加注重情感设计，尝试通过产品引发用户的情感共鸣。比如，一款咖啡机，除了冲泡咖啡的功能，设计师可能通过内部设计，令咖啡机在工作时产生比较优美悦耳的声音，让使用者在使用时更加愉悦和放松。此外，设计师们也开始通过产品设计来传达品牌的价值和情感。比如，一款自行车，设计师可能在设计中融入简约、力量、自由等元素，来传达品牌倡导的健康和自由的生活方式。

未来，随着人工智能、虚拟现实、增强现实等技术的发展，产品创新设计将能够更好地理解和满足用户的需求，提供更丰富、更深入的用户体验。通过建立起用户和产品、用户和品牌之间的情感链接，产品创新设计将为企业带来更高的用户忠诚度和品牌价值。

总的来说，产品创新设计不再仅仅关注产品的功能和性能，而是更加关注用户的全面体验和情感需求。这是因为，一个好的产品不仅能满足用户的功能需求，更能触动用户的情感，让用户爱不释手。这也是产品创新设计走向深度和宽度的重要趋势。

（四）产品创新设计将越来越倾向于跨界合作和开放创新

产品创新设计的跨界合作和开放创新已经成为趋势，它们将持续推动产品创新的发展和进步。对于设计师来说，跨界合作意味着将不同领域的知识和技能结合起来，以开发出更具创新性和吸引力的产品。而开放创新则是指利用内外部的创新资源，为企业提供新的视角和思路，以提高创新的速度和效率。

跨界合作在产品创新设计中的应用越来越广泛。设计师们可以从其他领域获取灵感和思路，以打破原有的设计框架和限制。比如在设计一款户外装备时，设计师可能参考航天技术，考虑如何将轻质、耐用、防水等特性融入产品设计。又如在设计一款健康监测设备时，设计师可能参考医学知识，以设计出更准确、更方便的测量和分析功能。

开放创新也为产品创新设计带来了新的机会。通过与外部的研究机构、大学、创业公司等进行合作，企业可以获取到最新的研究成果和技术，以推动产品的创新和优化。另外，企业也可以通过开放创新平台，吸引全球的设计师和发明家参与产品的设计和改进，以获取更多的创新思路和方案。此外，跨界合作和开放创新还可以帮助企业应对日益复杂和多变的市场环境。通过与不同领域的合作伙伴共享资源和能力，企业能够更好地适应市场的变化，提升产品的竞争力。

总的来说，跨界合作和开放创新将成为推动产品创新设计的重要力量。通过打破界限、拥抱开放，企业能够获取更多的创新资源和可能性，以开发出更具创新性和价值的产品。

（五）产品创新设计将越来越注重可定制化和个性化

可定制化和个性化的产品设计已经逐渐成为消费者期待的主要特征之一。随着科技的发展，我们有了更多的机会去满足每一个消费者独特的需要，因此产品创新设计必须逐渐从一种“大众化”模式转向更加“个性化”的设计策略。

在未来，产品设计将越来越注重反映消费者的独特需求和价值观。例如，通过设计一种可定制的饰品或配件，消费者可以根据他们自己的喜好选择不同的材质、颜色、形状或者图案。这样，他们所购买的产品就不再是千篇一律的商品，而是可以反映他们个性的独特之处。类似地，一款可定制的软件或应用程序可以允许用户根据他们的需求和偏好来选择和排列不同的功能模块，从而创造出一种更加贴近个人需求和习惯的使用体验。此外，个性化的产品设计也将越来越注重考虑不同的用户群体和文化背景。例如，设计一款家具或生活用品时，设计师可以考虑不同地域的生活习惯和审美偏好，通过改变产品的形状、材质、颜色或者图案，来满足不同消费者的个性化需求。同样，在设计一款全球化的数字产品或服务时，设计师也需要考虑不同国家和地区的语言、习俗和法规，以提供更加个性化和本地化的用户体验。

总的来说，可定制化和个性化的产品设计将成为未来的重要趋势。这既是因为消费者的需求和期望正在发生变化，也是因为科技的发展为我们提供了更多的可能性。通过聚焦每一个消费者，理解他们独特的需求和价值观，产品创新设计可以提供更加个性化和有价值的产品和服务，从而提升用户满意度，增强品牌竞争力。

第二节　产品创新设计与产品设计的异同对比

一、产品创新设计与产品设计的相同之处

虽然产品创新设计强调创新和引入新的元素，但它们仍然与传统的产品设计有许多共同之处，都致力于设计和开发满足用户需求的功能性、实用性和具有良好用户体验的产品。产品创新设计与产品设计的相同之处如图 4-1 所示。

图 4-1　产品创新设计与产品设计的相同之处

（一）目标导向

产品创新设计和传统的产品设计在许多方面都是相似的，尤其在目标导向的特性上。无论是传统的产品设计还是产品创新设计，都需要明确设计的目标，并为达成这些目标提供解决方案。

产品设计的目标可能包括提高产品的功能性、可用性、舒适性、耐用性、安全性等。例如，设计一款座椅时，设计师需要考虑座椅的尺寸、形状、材质和稳定性等因素，以提供舒适的坐姿和安全的使用体验。类似地，设计一款手机应用时，设计师需要考虑用户界面的布局、色彩、图标和导航等因素，以提供直观和流畅的操作体验。

在产品创新设计中，目标导向的思维模式同样重要。但是，产品创新设计的目标可能更加广泛和深远，不仅包括提高产品的功能性和可用性，还可能包括改变市场竞争态势、满足新的用户需求、引领新的技术或设计趋势等。例如，设计一款智能家居设备时，设计师不仅需要考虑设备的功能性和易用性，还需要考虑如何利用互联网、物联网、人工智能等新技术，来提供新颖的用户体验和服务，甚至改变传统的家居生活模式。

总的来说，无论是传统的产品设计还是产品创新设计，都需要以目标为导向，从用户的需求和期望出发，提供满足目标的设计解决方案。这是产品设计的本质，也是设计师的基本职责和价值所在。

（二）用户体验

用户体验是产品设计和产品创新设计的共享焦点，是决定产品成功与否的重要因素之一。从普通的物品到复杂的服务，用户体验贯穿在产品的每一个设计阶段，无论是产品的外观、质感还是功能、交互，都是为了创造出积极的用户体验。

在传统的产品设计中，设计师需要考虑如何让产品易于理解、使用，并能满足用户的基本需求。例如，在设计一个咖啡机的时候，设计师需要考虑产品的形状和尺寸，以便用户能够轻松地放在厨房；设计师还需要设计直观的操作界面，让用户能轻松理解如何使用咖啡机；同时，设计师还需要考虑咖啡的口感，以确保咖啡机能够满足用户对咖啡口感的期待。而在产品创新设计中，设计师需要更深入地理解用户的需求和情感，以创造出更丰富的用户体验。例如，在设计一款智能音箱的时候，设计师不仅需要考虑音箱的声音质量、操作便利性等基本需求，还需要考虑如何通过人工智能技术，让音箱能够理解和响应用户的语音指令，甚至预测和满足用户未明示的需求。通过创新的设计，设计师可以让用户在使用产品的过程中感到惊喜和愉悦，从而提升用户的满意度和忠诚度。

总的来说，无论是产品设计还是产品创新设计，用户体验都是设计工作的核心。设计师需要站在用户的角度，深入理解用户的需求和情感，以创造出满足用户需求、超越用户期待的优秀产品。

（三）迭代改进

迭代改进是产品设计和产品创新设计的共有特性。在设计过程中，无论是产品设计还是产品创新设计，都需要持续反馈、测试和改进，这就是所谓的迭代改进。设计师需要通过不断地迭代和优化，才能最终打磨出满足用户需求、具有优秀用户体验的产品。

在传统的产品设计中，设计师会先进行初步设计，然后制作出原型或者样机，再通过用户测试和专家评审，收集反馈意见，找出设计中的问题和改进点，然后对设计进行修改和优化。例如，设计一个新款椅子，设计师可能需要考虑椅子的舒适性、稳定性和美观性等因素，然后制作出模型，经过测试和评审，不断进行改进，最终得到满意的设计。而在产品创新设计中，迭代改进的过程可能更加复杂和深入。创新产品往往涉及新的技术、新的材料或者新的设计理念，这些新元素都可能带来未知的挑战和问题。设计师需要通过反复的试验、测试和优化，才能最终解决这些问题，实现设计的创新。例如，在设计一款新型的电子设备时，设计师可能需要考虑电池续航、散热问题、操作体验等多个方面，这就需要通过多次的迭代和优化，才能最终得到满意的设计。

总的来说，无论是产品设计还是产品创新设计，迭代改进都是必不可少的环节。只有通过不断地反馈、测试和优化，才能最终得到满足用户需求、具有优秀用户体验的产品。

（四）跨界合作

无论是产品设计还是产品创新设计，跨界合作都是一种常见而有效的方式。跨界合作意味着引入不同领域的专业知识、技术和视角，以打破原有的思维限制，激发新的创意和可能性。在传统的产品设计中，设计师可能需要与材料科学家、制造工程师、市场专家等进行合作，以确保设计的可行性、生产性和市场适应性。

例如，设计一款新的运动鞋，设计师需要考虑鞋子的舒适性、耐用性、造型设计等方面，而这可能需要与生物力学专家、材料科学家和市场研究员等进行合作。在产品创新设计中，跨界合作的重要性更为凸显。

产品创新设计通常要求解决更为复杂和挑战性的问题，可能需要引入新的技术、新的材料、新的设计理念等，这就需要与更广泛的领域进行合作，例如与计算机科学家、人工智能研究员、心理学家、社会学家等进行合作。

跨界合作不仅能提供更广泛和深入的专业知识，还能带来多元的视角和思维方式，有助于打破思维惯性、激发创新的火花。而且，跨界合作有助于将设计与实际生产、市场需求、用户体验等多个层面紧密结合起来，使设计更加全面和实用。总的来说，跨界合作是产品设计和产品创新设计的重要工具，对于设计的成功至关重要。

二、产品创新设计与产品设计的不同之处

产品创新设计与传统产品设计在一些方面存在不同之处。产品创新设计与传统产品设计在创新程度、用户体验、情感共鸣、市场定位、风险与不确定性、跨学科合作以及持续改进和迭代等方面存在差异。产品创新设计与产品设计的不同之处如图 4-2 所示。

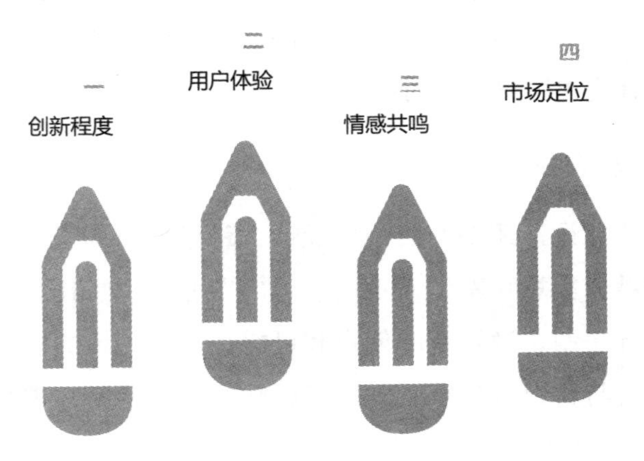

图 4-2　产品创新设计与产品设计的不同之处

（一）创新程度

产品设计与产品创新设计的主要区别之一是它们的创新程度。在产品设计中，创新可能涵盖从微小改进到全新设计的一系列活动。它可以涉及对现有产品的小幅修改，以提升功能性、美学或用户体验，例如改进某款电器的按钮布局以提高易用性，或者为某种家具引入新的材质以提高舒适度和耐用性。然而，产品创新设计通常要求更高程度的创新。这可能涉及开发全新的产品、引入新的技术，或者对现有的产品或服务进行根本性的重塑。产品创新设计不仅仅是对现有产品的改进，更是在满足用户需求、解决问题、开拓市场等方面引入新的思维和可能性。例如，将物联网技术应用到传统家电产品中，使得家电产品具有了智能化、联网化的功能，这就是一种产品创新设计。又如，开发一种全新的可降解材料以替代传统的塑料，用于包装产品的生产，这同样是产品创新设计的例子。

总的来说，产品创新设计要求更高程度的创新和突破，要求开发全新的产品、引入新的技术，或者对现有的产品进行根本性的重塑。而产品设计则可能涉及一系列从微小改进到全新设计的创新活动。

（二）用户体验

用户体验在产品设计和产品创新设计中都占据重要的位置，但两者之间的关注点和处理方式可能存在差异。在传统的产品设计过程中，用户体验通常是设计的核心考虑因素。设计师们致力于理解用户的需求和期望，然后在设计中满足这些需求。他们可能进行用户研究，进行原型测试，并收集反馈，以优化产品的功能、易用性和美观性。例如，设计一款椅子时，设计师可能考虑其舒适度、耐用性、设计美学等因素，以满足用户的各种需求。然而，对于产品创新设计来说，除了这些传统的用户体验考量，设计师还需要考虑如何创造全新的用户体验，或者如何通过创新改变用户的行为。这可能涉及对产品的全新思考，或者寻找独特的方式来解决用户的问题。例如，开发一款智能手环，设计师不仅需要考虑其舒适度、外观设计、电池续航等传统的用户体验因素，还需要考虑如何通过创新的方式，让用户可以通过手环来监测健康状况，从而提供全新的用户体验。因此，虽然用户体验在产品设计和产品创新设计中都是关键的，但产品创新设计更需要考虑如何通过创新创造全新的用户体验，或者改变用户的行为。

（三）情感共鸣

在产品设计和产品创新设计中，情感共鸣的角色各不相同。设计师在创造产品时，都会寻求在某种程度上触动用户的情感，但在创新设计中，情感共鸣的深度和影响力往往更大。

在传统的产品设计中，情感共鸣主要体现在产品的审美和感官体验上。设计师们会努力让产品看起来吸引人，感觉起来令人愉快，以此来提升用户对产品的满意度和接纳程度。例如，设计一款手机，设计师会关注其颜色、形状、质地等方面，让用户在视觉和触觉上都能得到愉悦的体验。

然而，在产品创新设计中，情感共鸣的作用可能更加深入和复杂。设计师可能尝试让产品链接到用户的生活情境，引发用户的情绪反应，或者满足用户的心理需求。这可能涉及设计的许多层次，包括产品的功能、交互方式、故事性等。例如，在设计一款虚拟现实设备时，设计师可能关注如何让用户沉浸在虚拟世界中，体验不同的情境和情感，以此来创造强烈的情感共鸣。

总的来说，情感共鸣在产品设计和产品创新设计中都有所体现，但产品创新设计更注重在深层次上引发用户的情感共鸣，从而创造出独特和难忘的用户体验。

（四）市场定位

在产品设计和产品创新设计中，市场定位的角色和方法存在显著的差异。这两者之间的差异主要体现在对目标市场的理解、对市场变化的适应能力以及对新市场机会的开拓等方面。

在传统的产品设计中，市场定位通常基于现有的市场情况和用户需求。设计师们会研究并理解特定用户群体的需求和期望，然后设计出满足这些需求的产品。例如，如果目标市场是家庭用户，设计师可能专注于如何使产品易于使用、具有娱乐功能以及适应家庭环境等。

然而，在产品创新设计中，市场定位可能更加灵活和开放。创新设计师不仅需要理解现有市场，而且需要预见并塑造未来的市场。他们会试图发现新的用户需求，开拓新的市场空间，或者创造新的产品类别。例如，当智能手机初次出现时，它就打开了一个全新的市场领域，定义了全新的用户需求。

这两种设计方式的市场定位方式，都需要设计师对用户需求和市场环境有深入的理解。然而，产品创新设计更需要设计师具有前瞻性思维，有勇气和能力去挑战现有的市场规则，开创新的市场可能性。

第三节　产品创新设计是产品设计发展的“助推剂”

一、产品创新设计是产品设计发展的“助推剂”之原因所在

在当今竞争激烈的市场环境中，产品创新设计为企业带来了巨大的机遇和优势。它不仅可以提高企业的竞争力，还能满足不断变化的用户需求，推动产品设计不断向前发展。产品创新设计作为产品设计发展“助推剂”的重要原因具体如下。

（一）产品创新设计要求设计师思考和提出全新的创意

产品创新设计是产品设计发展的“助推剂”，这在很大程度上得益于它对设计师思考和提出全新创意的要求。在产品设计的过程中，设计师需要考虑许多因素，包括产品的功能、形状、材质、生产工艺等。但在这些因素中，创新的想法和全新的设计理念是推动产品设计发展的重要动力。

在产品创新设计中，设计师不仅要对已有的设计理念进行思考和改进，还需要勇于探索和尝试全新的设计方式和思路。这样的思考和尝试往往会带来创新的设计元素和方案，从而推动产品设计的繁荣和发展。

产品创新设计不仅要求设计师拥有丰富的专业知识和技能，更要求设计师具备独立思考和创新思维的能力。设计师需要从不同的角度和层次对产品进行思考，发现并解决问题，提出全新的设计方案。这样的思考和尝试，不仅可以推动个人的专业发展，也能推动整个产品设计行业的进步。

在这个过程中，设计师需要面对的不仅仅是技术和工艺的挑战，更有市场和用户需求的挑战。如何在满足用户需求的同时，创造出具有新颖性和吸引力的产品，是每一个设计师在进行产品创新设计时都需要面对的挑战。但是，正是这样的挑战，才使得产品创新设计成了推动产品设计发展的重要“助推剂”。

（二）产品创新设计尝试新技术和材料的应用

产品创新设计的另一个推动力源于对新技术和材料的尝试应用。在今天的世界里，科技发展的步伐日新月异，各种新型材料、新工艺以及新技术的出现为产品设计带来了无尽的可能性。产品创新设计就是要对这些新的元素进行深入的研究，探索它们在产品设计中的应用，挖掘它们的潜力。

新技术的引入可以帮助设计师们以更高效、更直观的方式来完成设计工作。例如，现在的 3D 打印技术就允许设计师在设计阶段就制作出产品的实体模型，方便他们在早期阶段就发现和修正问题，从而大幅缩短了产品从设计到上市的周期。此外，新的制造技术和工艺（如微纳制造、生物制造等）也为产品的形态、结构和功能提供了全新的可能性。

新材料的运用则可以使得产品具备更好的性能和更独特的外观。比如，新型复合材料和纳米材料的出现，使得产品可以在保持轻便的同时，具备更好的强度和耐用性。而智能材料（如自愈合材料、形状记忆合金等）的出现则让产品具备了"智能"功能，为提升用户体验开辟了新的途径。同时，产品创新设计通过尝试新技术和材料的应用，也进一步促进了相关领域的研发和创新，推动了整个设计领域的发展。因此，可以说产品创新设计是产品设计发展的重要"助推剂"。

（三）产品创新设计强调设计师与用户进行密切的合作和反馈

产品创新设计的一个关键特点是设计师与用户之间的密切合作和反馈。这种用户中心的设计方法，让设计师可以更深入地理解用户的需求，更精准地解决用户的问题，从而创造出更具创新性和吸引力的产品。

在传统的产品设计中，设计师们可能主要依赖于自己的直觉和经验来进行设计。然而，在产品创新设计中，设计师们更倾向于将用户纳入设计过程，通过调查研究、用户访谈、使用者观察、原型测试等方式，获取用户的直接反馈和需求。这种从用户出发的设计方法，可以帮助设计师更准确地理解和把握用户的真实需求，从而设计出更符合市场需求、更能引起用户共鸣的创新产品。

此外，用户反馈也为产品创新设计的迭代改进提供了宝贵的信息。通过用户的实际使用和反馈，设计师可以发现产品的问题和不足，及时进行调整和优化，从而让产品在每一个迭代中都变得更好，更贴近用户需求。

因此，产品创新设计中设计师与用户的密切合作和反馈，不仅提升了产品的用户体验和市场接受度，同时也为设计师带来了更多的灵感和思考，推动了设计的创新和发展。所以说，产品创新设计正是产品设计发展的重要“助推剂”。

二、产品创新设计是产品设计发展的“助推剂”之现实彰显

产品创新设计在实际应用中彰显了它作为产品设计发展的“助推剂”的重要作用。以下是产品创新设计在现实中的几个方面的实际彰显。

（一）市场竞争力的提升

产品创新设计对于提升市场竞争力具有显著的影响。在充满竞争的市场环境中，企业要想在众多的竞争对手中脱颖而出，必须拥有独特的竞争优势。而产品创新设计正是为企业赋予独特竞争优势的重要手段。

产品创新设计能够帮助企业推出新颖、独特的产品，从而吸引消费者的注意力并赢得市场份额。比如，有些产品通过独特的设计，让用户在使用过程中得到前所未有的体验，从而引发了市场的热烈反响。

产品创新设计能够推动企业进行持续的技术进步和优化，进而提高产品的质量和性能，提升用户满意度。一款技术先进、性能优越的产品，不仅能够提升用户的使用体验，也能够提升企业的市场竞争力。此外，产品创新设计还能够促进企业提升品牌价值和口碑。一个好的产品设计，不仅能够直接吸引用户，还能够通过口碑传播，帮助企业塑造良好的品牌形象，提升品牌知名度和声誉。

因此，从市场竞争力的提升角度看，产品创新设计正是推动产品设计发展的现实彰显，具有不可替代的重要作用。

（二）用户满意度的提升

产品创新设计对于提升用户满意度起到了关键性的作用。在当今的消费市场中，用户的需求和期待变得越来越复杂，他们不再只满足于产品的基本功能，更加注重产品的设计、使用体验和情感价值。产品创新

设计正是以满足用户的这些高级需求为目标，通过创新的设计思维和方法，打造出更具吸引力和价值的产品。

产品创新设计通过对用户需求的深入研究和理解，能够设计出更贴近用户的产品。通过与用户的直接互动，设计师可以从用户的视角去思考问题，更准确地把握用户的真实需求，从而设计出能够触动用户内心、满足用户需求的产品。

产品创新设计强调用户体验的提升。用户体验不仅包括产品的功能性和易用性，还包括产品的美感、情感价值以及与用户生活的整合程度等。产品创新设计通过考虑这些因素，能够提供更好的用户体验，提高用户的满意度和忠诚度。

产品创新设计还通过提供独特的产品体验，让用户在使用过程中产生情感共鸣，进一步提升用户满意度。一款好的产品，不仅能够解决用户的实际问题，还能够触动用户的情感，带给用户乐趣和惊喜，从而深入用户内心，成为用户生活中不可或缺的一部分。因此，从用户满意度提升的角度看，产品创新设计对于推动产品设计发展起到了显著的推动作用。通过创新的设计理念和方法，产品创新设计不断提升用户满意度，推动产品设计向着更高的层次发展。

（三）新技术进步的推动

新技术的进步是推动产品创新设计发展的重要动力，而产品创新设计也在反馈中推动了新技术的进步和应用。新技术的发展提供了更广阔的平台和更大的可能性，使得设计师可以超越以往的限制，创造出更多独特、有创新性的产品。新技术的应用在产品创新设计中主要体现在以下几个方面。

1. 新的材料和制造技术为产品创新设计提供了新的可能性

新的材料和制造技术为产品创新设计提供了新的可能性。例如，3D打印技术、纳米材料、可穿戴技术等的发展，使得产品设计从原来的静态和线性，转变为动态和非线性，从而打破了传统的设计范式，使得设计师可以在更大的空间中进行创新设计。

2. 大数据和人工智能技术的发展为产品创新设计提供了新的工具和手段

大数据和人工智能技术的发展，为产品创新设计提供了新的工具和手段。通过对大量用户数据的分析，设计师可以更准确地理解和预测用户的需求和行为，从而设计出更贴近用户的产品。同时，人工智能技术的发展，使得产品可以拥有更强的智能化功能，提供更好的用户体验。

3. 新技术的发展使得产品创新设计的过程更加快速和高效

新技术的发展也使得产品创新设计的过程更加快速和高效。例如，虚拟现实和增强现实技术的发展，可以使设计师在设计过程中更加直观和真实地看到产品设计的效果，从而提高设计的效率和质量。

通过以上三个方面，我们可以看到，新技术的发展为产品创新设计提供了新的可能性和工具，从而推动了产品设计的发展。而产品创新设计也在实践中推动了新技术的应用和进步，形成了良性的互动关系。

第五章　产品创新设计的实践步骤与关键要素

第一节　产品创新设计的实践步骤

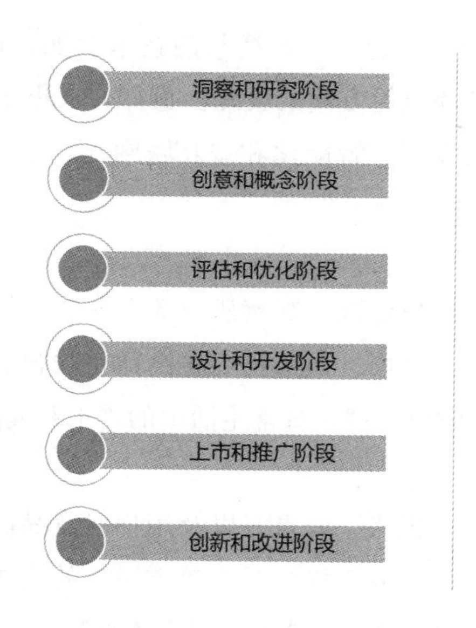

图 5-1　产品创新设计的实践步骤

一、洞察和研究阶段

洞察和研究阶段在产品创新设计中扮演着重要的角色。通过市场洞察和用户研究，团队能够深入了解市场和用户，为创新设计提供有效的信息和洞察力。这为后续的创新设计决策提供了基础，有助于设计团队在竞争激烈的市场中取得成功。产品创新设计的实践步骤如图 5-1 所示。

（一）市场洞察

市场洞察是产品创新设计的关键第一步。这一阶段主要是为了深入理解产品所处的市场环境、用户需求和行为、竞品状况等信息，为后续的创新设计提供有用的洞察和方向。做好市场洞察，可以让设计师及企业了解目前的市场趋势、预见市场的未来，同时也能在一定程度上降低设计和开发新产品的风险。市场洞察主要包含以下几个关键环节。

1. 行业趋势洞察

了解所在行业的发展趋势，包括新的技术发展、行业规范和标准、政策法规、社会经济环境等方面的变化。例如，在电子产品行业，随着人工智能和互联网的发展，智能化和“互联网 +”已经成为未来的主要发展方向。

2. 用户需求研究

通过用户调研、用户访谈、观察研究等方法，了解用户的需求、痛点、使用习惯等信息。例如，如果我们在设计一款智能手环时，需要深入了解用户在运动、健康管理、日常生活中的需求和痛点。

3. 竞品分析

分析竞品的特点、优势、弱点，以及用户对竞品的反馈和评价。例如，如果我们设计一款新的手机，需要对市场上的主要竞品进行深入分析，了解他们的设计理念、功能特点、用户体验等方面的信息。

4. 市场机会发掘

基于上述的行业趋势、用户需求和竞品分析，发掘市场的机会和潜力，为后续的产品创新设计提供方向。例如，如果我们发现在市场上缺少一款同时具备运动监测和健康管理功能的智能手环，那么这就可能是我们的市场机会。

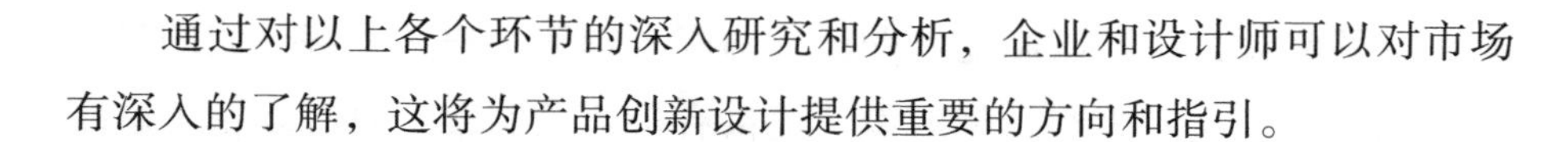

通过对以上各个环节的深入研究和分析，企业和设计师可以对市场有深入的了解，这将为产品创新设计提供重要的方向和指引。

（二）用户研究

用户研究是产品创新设计中的重要环节，它能让设计师深入了解用户的需求、痛点、行为模式和使用习惯等信息，为创新设计提供有价值的信息。在用户研究阶段，设计师需要运用各种方法（如用户调研、观察研究、用户访谈、用户测试等）从用户的角度去理解问题，寻找创新的机会和可能性。

1. 用户调研

设计师可以通过问卷调查、线上线下访谈等方式，了解用户对于某个产品或服务的使用习惯、需求、满意度和反馈等信息。例如，在设计一款新的家用电器时，设计师可以通过调研了解用户对于现有家用电器的使用体验、不满意的地方以及期望改进的功能等。

2. 观察研究

通过在用户的自然环境中观察用户的行为，设计师可以从中获得丰富的信息。比如在设计一款新的移动应用时，设计师可以在公共场所观察用户使用手机的习惯和行为模式，以理解他们的需求和痛点。

3. 用户访谈

用户访谈是一个深入了解用户需求和痛点的重要方法。设计师可以通过访谈了解用户的生活方式、工作方式、需求、痛点等信息，从而为设计提供方向。

4. 用户测试

设计师可以通过创建产品原型，让用户进行测试和反馈，从而了解产品的可用性、易用性、满意度等信息。比如，在设计一款新的网站时，设计师可以邀请用户对网站的导航结构、功能、内容等进行测试，并提供反馈。

总的来说，用户研究能帮助设计师深入理解用户，了解他们的真实需求和期望，从而为产品创新设计提供有价值的洞察。只有真正了解用户，设计师才能创造出真正符合用户需求的产品，从而提高产品的市场成功率。

二、创意和概念阶段

创意和概念阶段是产品创新设计过程中的关键阶段，它涉及创意的生成和概念的开发。在这个阶段，设计团队发挥创造力，提出独特的创意方案，并通过原型制作和功能规划等活动，将创意转化为具体的概念设计。这个阶段的目标是验证创意的可行性，为后续的设计和开发提供指导和基础。

（一）创意生成

创意生成是创新设计过程中的重要阶段，它的目标是根据市场和用户研究的结果，生成新颖且具有实际价值的设计创意。在这一阶段，设计师应鼓励团队成员积极提出各种想法，无论这些想法是否切合实际，都应被记录和考虑。

1. 头脑风暴

头脑风暴是一种常用的创意生成方法，它能够鼓励团队成员自由地提出各种想法，无论这些想法是否有实际应用价值。例如，在设计一款新的手机应用时，设计师可以鼓励团队成员提出各种可能的功能、界面设计、用户互动方式等。

2. 创意拼图

设计师可以将已有的创意、概念和解决方案进行组合，以生成新的创意。例如，在设计一款新的电子设备时，设计师可以考虑将已有的技术、功能和设计元素进行组合，以创造出新的产品设计。

3. 转向思考

设计师可以尝试从不同的角度去思考问题，例如从用户的角度、竞争对手的角度或是行业专家的角度，以此激发新的创意。例如，在设计一款新的咖啡机时，设计师可以从用户的角度思考他们在使用咖啡机时的需求，以此生成新的设计创意。

4. 用户参与

设计师可以邀请用户参与创意生成的过程，用户的参与可以为设计师提供新的视角和想法。例如，在设计一款新的软件时，设计师可以邀请用户提供他们希望拥有的功能或是对现有功能的改进建议。

综上所述，创意生成阶段需要鼓励设计师开放思维，运用多元的想法，积极探索和尝试，从而能够生成新颖、独特且具有实际应用价值的设计创意。这些创意将为后续的产品设计提供重要的方向和灵感。

（二）概念开发

在产品创新设计的流程中，概念开发阶段是将初步创意转化为实际设计概念的关键过程。在这个阶段，设计师选择出最具潜力的创意，然后通过设计草图、原型制作和功能规划等方式，进一步细化和发展这些创意，以验证其可行性和有效性。

概念开发阶段的主要目标是将创意转化为实际可操作的设计概念，并通过初步的测试和验证，确保这些设计概念的可行性和有效性。在这个过程中，设计师需要不断地反思和修改，以确保设计概念能够满足用户的需求，同时也符合技术和市场的实际条件。这个阶段的工作是具有挑战性的，但同时也是充满创新乐趣的，它将直接影响产品创新设计的最终结果。

1. 设计草图

草图是一种基础的可视化工具，设计师通过绘制草图来形象地表达和呈现创新概念。这些草图可以是产品的外观设计，也可以是产品使用流程的描绘。例如，在设计一个新的厨房工具时，设计师可能绘制出该工具的形状、大小、手柄设计等方面的草图。

2. 原型制作

在创新概念被进一步细化之后，设计师通常会制作出原型或模型。这些原型可以是实体的，也可以是数字的，其主要目的是测试和验证创新设计的功能和使用体验。例如，在设计一个新的手机应用时，设计师可能制作出应用的交互原型，通过实际操作来验证其设计思路。

3. 功能规划

功能规划是对产品功能进行详细的设计和安排，它包括了功能的定义、功能的组织和功能的流程设计等。例如，在设计一款新的数字相机时，设计师可能需要规划出相机的拍照、录像、回放等各项功能，并设计出合理的操作流程。

三、评估和优化阶段

评估和优化阶段旨在对概念进行评估和筛选，并进行进一步的优化。在这个阶段，设计团队综合考虑市场可行性、技术可行性、商业可行性等因素，对概念进行评估，选择最具前景的概念进行进一步开发。通过原型测试和用户反馈收集，团队可以识别改进的机会和问题，并进行优化和迭代，以确保概念的可行性和实施性，为下一步的设计和开发奠定基础。

（一）概念评估

概念评估是产品创新设计流程中至关重要的一环，它涉及对先前开发阶段产生的概念进行深入的评估和筛选。在这个阶段，设计团队需综合考虑市场可行性、技术可行性、商业可行性以及其他相关因素，以确定哪些概念值得进一步开发和优化。

1. 市场可行性评估

在市场可行性评估中，设计团队需要探索目标市场的需求、竞争情况和潜在的市场机会。例如，设计一款新的户外运动装备，团队需要评估目标市场中对这类产品的需求是否旺盛，以及现有的竞品是否已经满足了市场需求。同时，团队还需要考虑该产品是否符合目标市场的文化和消费习惯。

2. 技术可行性评估

技术可行性评估涉及对创新概念中的技术元素和制造过程进行评估。例如，在开发一款智能穿戴设备时，需要考虑是否有成熟的技术可以支持其功能，如传感器技术、低功耗通信技术等。此外，制造过程的复杂性和成本也是需要考虑的因素。

3. 商业可行性评估

商业可行性评估是考虑产品的经济效益和商业模式。设计团队需要评估产品的成本结构、定价策略、潜在的收益以及市场推广的策略。例如，在开发一款在线学习平台时，需要考虑用户愿意为这个服务支付多少钱，以及通过什么样的商业模式（如订阅制或一次性购买）来收费。

4. 用户体验评估

用户体验是产品成功的关键，所以在概念评估阶段，也需要考虑产品是否能够给用户带来良好的体验。这包括产品的易用性、功能性以及能否引起用户的情感共鸣等。

5. 风险评估

风险评估往往是一个容易被忽视但非常重要的环节。评估可能的风险，包括技术风险、市场风险、法规风险等，能够帮助设计团队提前预防问题，减少项目的不确定性。

通过上述的评估过程，设计团队可以筛选出最有前景、最符合市场需求、最具商业价值、最能带来良好用户体验的概念，进行进一步的开发和优化，最终实现产品的创新设计。

（二）原型测试

原型测试是评估和优化阶段的一个重要环节，是创新设计过程中的关键步骤。

1. 制作原型

在制作原型的过程中，设计团队将创新概念转化为一个可感知、可交互的模型。例如，在设计一款智能手机应用时，设计团队可能制作一个交互式的软件原型，模拟应用的界面和功能。原型的复杂度和精细度可以根据测试的需要进行调整，早期的原型可能是草图或低保真的模型，而后期的原型则可能更接近最终产品。

2. 测试

原型测试是通过让潜在用户和其他利益相关者使用和体验原型，收集他们的反馈和意见，验证产品概念的功能、用户体验和可行性。测试的形式可以多样，比如一对一的用户访谈、小组讨论，甚至是公开的产品体验活动。测试的内容可以包括产品的易用性、功能完整性、稳定性，以及是否能满足用户的需求和期望。

3. 收集用户反馈

在原型测试的过程中，收集用户的反馈和意见是非常重要的。这可以帮助设计团队理解用户的需求和期望，发现产品的问题和不足，获取改进和优化的方向。例如，用户可能反馈某个功能的使用不便，或者提出新的功能需求。这些反馈都是对产品进行迭代和优化的宝贵资源。

4. 优化和迭代

在收集到用户反馈和意见后，设计团队需要对原型进行优化和迭代。这包括改进产品的功能、优化用户体验、修复问题等。优化和迭代是一个持续的过程，设计团队需要不断调整和完善产品，以达到最好的效果。

5. 反思与学习

每次的原型测试和迭代都是一个学习的过程。设计团队需要反思测

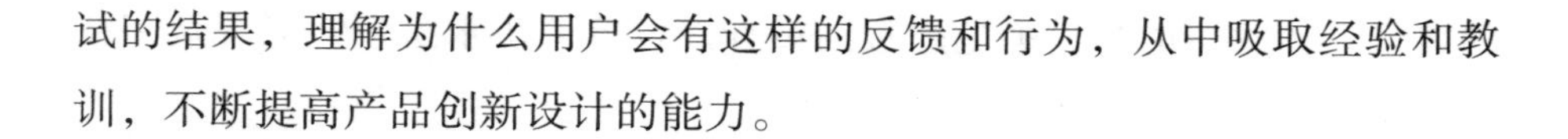
试的结果，理解为什么用户会有这样的反馈和行为，从中吸取经验和教训，不断提高产品创新设计的能力。

四、设计和开发阶段

设计和开发阶段旨在将创新的概念转化为具体的产品设计，并进行制造和生产准备。在这个阶段，设计团队进行详细设计、工程开发、原型制作等活动，确保设计方案的可行性和实施性。团队与供应商和制造商合作，确保产品的制造和生产按照设计要求进行。设计和开发阶段的实施有助于将创新的想法变为现实，并为产品的市场成功奠定基础。

（一）详细设计

详细设计是产品创新设计过程的关键环节，它是在初步概念的基础上进行深化和细化，包括外观设计、工程设计、材料选择等。这一阶段需要设计团队与工程师、制造商等多方合作，确保设计的实现可行性和生产可行性。

（1）外观设计。外观设计是产品创新设计中最为直观的一部分，直接影响用户对产品的第一印象。在此阶段，设计师需要考虑产品的整体造型、颜色、质感等因素，使其既符合用户审美，又符合品牌形象，同时还要考虑生产工艺的限制。外观设计不仅要求创新，也要具有可实现性，这是一项挑战。例如，在设计一款新型家具时，设计师可能考虑采用环保材料、新颖色彩，或者独特的结构设计，以满足市场的需求和趋势。

（2）工程设计。工程设计主要考虑产品的功能性、安全性以及制造工艺等技术问题。设计师需要与工程师紧密合作，将创新概念转化为可行的工程设计方案。在这个过程中，可能需要进行多次的优化和调整，以求在满足用户需求、符合制造工艺、保证安全性的同时，达到最佳的性能和成本效益。例如，对于一款智能设备的设计，可能需要考虑电池的容量、传感器的精度、电路板的设计、设备的防水防尘性能等众多技术问题。

材料选择：材料选择对产品的质量、性能、成本以及环保性有着重要影响。设计师需要了解各种材料的特性，选择最适合的材料来实现设计概念。在这个过程中，需要考虑材料的强度、耐用性、颜色、质感、成本以及对环境的影响等因素。例如，在设计一款环保包装时，可能考虑采用可回收或可降解的材料，减少产品对环境的影响。

设计实现与生产可行性：在详细设计的过程中，需要与制造商进行沟通，确保设计方案符合制造工艺的要求，可以进行有效的生产。这可能需要进行多次的优化和调整，以使设计方案既创新，又实用，同时又符合生产的可行性。例如，设计团队可能需要考虑如何简化部件，减少装配步骤，以降低生产成本、提高生产效率。

详细设计阶段对于产品创新设计至关重要，因为在这个阶段，设计概念将被转化为可以实际制造和生产的设计方案。只有通过精细的设计和严谨的工程计算，才能确保创新设计能够成功地转化为实际的产品，进而走向市场，实现价值。

（二）制造和生产

在产品创新设计过程中，制造和生产阶段是一个关键的环节，它的目标是根据详细设计图纸和规格，以高效、高质量的方式将设计方案转化为实际的产品。这个阶段涉及的工作内容丰富，包括选定制造方式、采购材料、生产准备、实际生产、质量控制以及后续的产品维护等。

1. 选定制造方式

这是生产阶段的起点。设计团队和生产团队需要在各种制造方式中做出选择，以便最大限度地满足产品的设计要求，并确保制造过程的高效和经济。例如，对于复杂的三维零件，可能选择采用 3D 打印技术，对于大批量的生产，则可能选择注塑、冲压或铸造等传统的制造方式。

2. 采购材料

在确定了制造方式后，需要对所需的材料进行采购。这不仅需要购买足够数量的材料，还需要考虑材料的质量，因为材料的好坏直接影响产品的质量和性能。例如，如果设计方案需要使用高强度钢，那么在采购时就需要确保材料的强度、韧性等物理性能满足设计要求。

3. 生产准备

在实际生产开始前，还需要进行一系列的生产准备工作，包括生产设备的调试、生产流程的设计、员工的培训等，以确保生产过程的顺利进行。例如，对于新型产品，可能需要对生产线进行改造，或者培训员工使用新的生产设备和工艺。

4. 实际生产

在准备工作完成后，就可以进行实际的生产。在生产过程中，需要不断检查产品的质量，确保产品符合设计规格和质量标准。例如，对于一款新型手机的生产，可能需要在组装、焊接、涂装等每一个步骤后都进行质量检查，确保每一个细节都满足要求。

5. 质量控制

在整个生产过程中，质量控制是非常重要的。需要设立严格的质量标准和检验程序，对生产出的产品进行检测和评估，只有合格的产品才能进入下一步流程或者出厂。例如，对于一个新型机器人的生产，可能需要进行性能测试、耐久测试、安全测试等多种测试，以确保产品的质量和性能。

6. 产品维护

产品的制造和生产不仅仅是生产出产品，还包括后续的产品维护工作。产品一旦生产出来并投入使用，就可能面临各种问题，如设备故障、使用问题等，这就需要制造商对产品进行维护，提供售后服务。

以上各个环节都非常重要，缺一不可，任何一个环节出现问题都可能导致产品的质量问题，甚至影响产品的市场表现。因此，在产品创新设计的制造和生产阶段，需要进行全方位、全流程的管理和控制，以确保产品从设计到生产的完整过程的高效和高质量。

五、上市和推广阶段

团队制定市场推广策略，包括定价、渠道选择、品牌传播等，以促进产品的上市和市场推广。通过有效的营销和宣传活动，团队将产品推向目标用户，并与用户建立联系和共鸣。这个阶段的成功与否对产品的市场表现和商业结果具有重要影响，需要团队的协调和市场敏锐度。

（一）市场推广

市场推广阶段在产品创新设计的全流程中扮演着至关重要的角色，它是链接产品和最终用户的桥梁，一个有效的市场推广策略能够确保产品得以在市场中成功立足，满足用户需求并带来预期的商业价值。

1. 定价策略

产品的价格通常是用户购买决策的重要因素，定价策略的选择会直接影响产品的市场接受度和销售额。产品定价需要充分考虑产品的成本、竞争对手的定价、目标市场的消费水平以及公司的营收目标等因素。例如，对于一款创新的环保产品，如果其生产成本较高，可能需要设置相对较高的售价。但同时也要考虑过高的价格可能降低市场接受度，所以需要找到一个平衡点。

2. 渠道选择

选择合适的销售渠道能够让产品更容易被目标用户找到并购买。不同的产品可能需要选择不同的销售渠道，包括线上和线下两种方式。例如，一款新型的科技产品可能选择在电子商务平台上销售，以便吸引更广泛的年轻用户。而一款针对老年人的健康产品可能需要在医疗机构和社区等线下场所进行推广。

3. 品牌传播

品牌传播是市场推广中的重要环节，它涉及产品的知名度、形象和口碑等，可以增强产品的市场影响力，吸引更多的用户。品牌传播可以通过各种方式实现，包括广告宣传、公关活动、社交媒体营销等。例如，对于一款儿童教育产品，可能通过与教育机构合作举办公益活动，提升品牌的社会影响力和知名度。

（二）用户反馈

用户反馈可以帮助企业理解用户的需求、预期和体验，并据此对产品进行改进和升级。下面是一些关于如何进行用户反馈收集和分析，以及如何利用用户反馈来优化产品的讨论。

1. 用户反馈的收集

用户反馈的收集可以通过多种方式进行，包括调查问卷、用户访谈、用户体验测试、在线评价系统等。例如，为了获取用户对一款新推出的数字产品的反馈，企业可能设置在线反馈系统，让用户在使用产品过程中随时提供反馈。此外，企业也可以主动通过调查问卷和用户访谈等方式，向用户了解他们的使用体验和产品意见。

2. 用户反馈的分析

收集到用户反馈后，需要对其进行深入的分析和理解，找出用户对产品的满意点和不满意点，以及用户的需求和预期。分析的结果可以帮助企业发现产品的问题和改进点，以及潜在的创新机会。例如，如果多数用户反映一个功能不易操作，那么企业需要考虑如何优化这个功能的设计，使其更加符合用户的使用习惯和预期。

3. 基于用户反馈的产品优化

用户反馈不仅是产品改进和升级的重要依据，也是满足用户需求和提高用户体验的关键。企业应以用户反馈为指导，对产品进行持续的优化和升级。例如，如果用户反馈显示产品的某个设计元素不符合他们的审美标准，那么企业可能需要重新设计这个元素，使其更能满足用户的审美需求。

六、创新和改进阶段

在产品创新和改进阶段，团队致力于推动创新思维和持续改进的实践。这个阶段是产品发展中的关键时刻，既需要勇于尝试新想法，又要善于识别现有产品的弱点和改进机会。通过创新和改进，团队能够不断提升产品的竞争力和用户价值，实现持续的创新成果和商业成功。这个阶段的引言将激励团队拥抱变革、追求卓越，以创新和改进驱动产品的持续发展。

（一）监测市场和技术趋势

产品创新设计的最后一个阶段是创新和改进阶段。在这个阶段，设计师需要持续监测市场和技术趋势，对产品进行持续的创新和改进，以满足不断变化的市场需求和技术环境。

1. 监测市场趋势

了解并预测市场趋势是企业对市场动态保持敏锐的关键。它涵盖了广泛的领域，包括消费者行为、行业趋势、竞争环境、社会文化变化等。例如，如果一个企业发现更多的消费者开始关注环保和可持续性，那么它可能需要考虑在设计过程中加入更多环保元素，或者考虑使用可回收和环保的材料。

2. 监测技术趋势

随着科技的快速发展，新的技术和工具不断出现，这对产品设计提供了新的可能性。监测和理解这些技术趋势，可以帮助企业及时采用新的技术，以创新产品设计和功能。例如，随着人工智能和物联网技术的发展，产品设计开始从传统的物理产品转向智能化、网络化的产品，为用户提供更智能、更便利的使用体验。

3. 持续创新和改进

市场和技术的监测结果，可以为产品创新和改进提供重要的信息和方向。在理解了市场和技术趋势后，设计师需要通过创新思维和技术手段，将这些趋势转化为具体的产品设计和改进措施，以适应市场变化、满足用户需求、提高产品的竞争力。例如，如果监测到移动互联网的发展，企业可能需要对其产品进行移动优化，提供移动应用或网页，以满足用户随时随地使用产品的需求。

（二）不断创新和改进

在产品创新设计的全过程中，不断创新和改进是必不可少的。这是因为，随着市场需求、用户行为、技术环境等多元因素的变化，产品设计需要适应这些变化，以持续满足用户需求、提高产品的竞争力。

1. 基于市场趋势的创新和改进

市场是一个动态变化的环境，随着时间的推移，消费者的需求、行为和期望会发生变化，市场竞争格局也会发生调整。例如，随着生活节奏的加快，用户对于高效、便捷的产品的需求越来越高。这就需要设计师持续关注市场趋势，基于市场的变化进行产品设计的创新和改进，使产品能更好地满足市场需求。

2. 基于技术趋势的创新和改进

随着科技的发展，新的技术和工具不断出现，这为产品设计提供了新的可能性。例如，随着物联网和人工智能技术的发展，智能硬件和智能家居等产品的设计开始采用这些新技术，使产品功能更强大、用户体验更好。这就要求设计师持续关注新技术的发展趋势，结合新技术对产品设计进行创新和改进。

总的来说，不断创新和改进是产品创新设计的重要环节，它可以使产品始终保持新颖性和竞争力，满足用户和市场不断变化的需求。这对于产品的长期发展和企业的可持续发展具有重要意义。

第二节　产品创新设计的关键要素

产品创新设计的关键要素如图 5-2 所示。

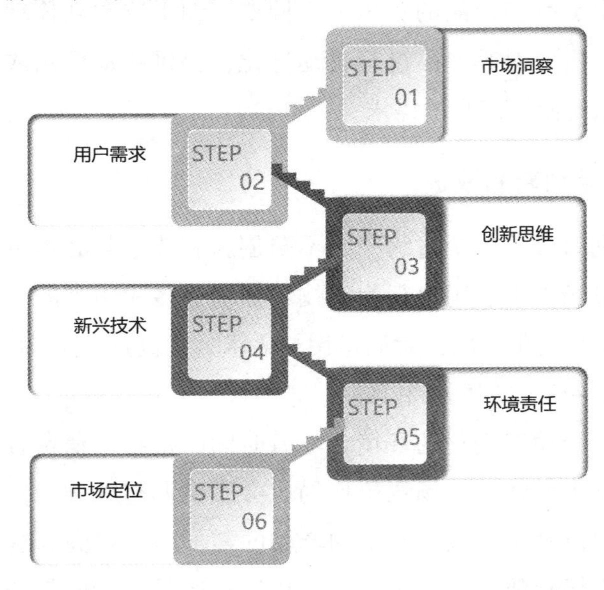

图 5-2　产品创新设计的关键要素

一、市场洞察

市场洞察是产品创新设计中的关键要素。通过市场洞察，我们能够发现潜在的机会和挑战，理解用户的需求和期望，为产品设计提供有力的指导和支持。

（一）目标市场识别

目标市场是产品创新设计的关键环节。设计师们需要准确识别目标市场，并且了解该市场的主要特征，以便更好地进行产品设计和市场营

销。以下是目标市场识别的主要内容。

1. 确定目标用户

要确定产品设计的目标用户，也就是潜在的消费者。例如，产品设计可能针对的是年轻人、中老年人、专业人士、学生等特定的用户群体。这些用户群体的需求、行为、喜好和期望可能有所不同，因此，需要对他们进行深入了解和研究。

2. 了解市场环境

要了解目标市场的环境，包括经济状况、社会文化、政策法规等。这些因素可能影响产品设计和市场营销的策略。例如，经济状况好的市场，用户可能更愿意购买高端、高质量的产品，而在经济状况较差的市场，用户可能更关注产品的性价比。

3. 研究竞争对手

要研究市场上的竞争对手，了解他们的产品特性、市场策略、优缺点等，以便找出自己的竞争优势，制定有效的产品设计和市场营销策略。

4. 分析市场趋势

要关注市场趋势，包括市场的发展方向、用户需求的变化趋势、新技术的应用趋势等。这些趋势可能对产品设计和市场营销产生重大影响。

（二）市场规模评估

市场规模评估是确定产品设计方向和市场推广策略的重要依据。

1. 确定潜在用户数量

市场规模首先取决于潜在用户的数量。这需要通过调研和分析，了解目标市场中可能对产品感兴趣或有购买需求的用户数量。这些用户可能是某个特定的消费群体（例如年轻人、女性、老年人、专业人士等），也可能是某个地理区域、行业或公司。

2. 评估市场销售额

除了用户数量外，市场规模还取决于可能的市场销售额。这需要考虑产品的价格、用户的购买力、购买频率等因素。例如，如果产品的价格较高，即使潜在用户数量较少，市场销售额也可能较大；反之，如果产品的价格较低，即使潜在用户数量较多，市场销售额也可能不大。

3. 分析市场增长率

此外，还需要考虑市场的增长率。市场增长率可以反映市场的发展潜力和未来趋势。一般来说，增长率高的市场可能更具吸引力和发展前景。这需要考虑社会经济的发展趋势、技术的进步、用户需求的变化等因素。

4. 考虑市场竞争程度

市场规模的评估还需要考虑市场的竞争程度。市场竞争程度可能影响产品的销售和市场份额。一般来说，竞争程度高的市场，产品可能需要有更明显的竞争优势，才能在市场中获得成功。

（三）渠道分销分析

渠道分销分析通过深入研究和理解市场上的各种分销渠道，可以为产品的推广和销售制定更为准确和有效的策略。以下是进行渠道分销分析的主要内容。

1. 理解分销渠道的种类

要了解并理解市场上各种类型的分销渠道。例如，线上渠道可能包括电商平台、品牌自有网站、社交媒体平台等；线下渠道可能包括实体店、经销商、批发商等。每种渠道都有其特点和优势，对于不同的产品和市场，最合适的渠道可能有所不同。

2. 分析渠道的覆盖范围

不同的分销渠道覆盖的用户和市场范围可能不同。例如，电商平台可能覆盖全国甚至全球的用户，而实体店可能只覆盖本地或特定区域的用户。对于产品创新设计来说，选择覆盖范围广泛的渠道可能有助于快速扩大市场和提高知名度。

3. 评估渠道的效率

分销渠道的效率涉及销售的速度和成本，包括渠道的流通速度、库存管理能力、运营成本等。选择效率高的渠道，可能有助于提高产品的销售速度和降低运营成本，从而提高产品的市场竞争力。

4. 考虑渠道的稳定性

市场的动态变化可能影响分销渠道的稳定性。例如，电商平台的规则变化、实体店的租赁成本增长等可能影响渠道的稳定性。在进行渠道选择时，需要考虑这些风险因素，确保分销渠道的稳定性和长期性。

二、用户需求

在产品创新设计中，理解用户需求是至关重要的。用户需求是产品设计的基石，它们反映了用户对产品的期望、需求和问题。通过深入了解用户的需求，才能够创造出更具价值和用户体验的产品。

（一）用户研究

工作人员要深入了解并理解用户的需求、偏好、行为模式以及痛点，可以帮助设计师制定出更贴近用户的设计方案，从而提高产品的用户体验和市场接受度。

1. 多种研究方法

用户研究采用多种方式获取信息，如问卷调查法、访谈法、观察法、用户行为数据分析等。每种方法都有其特点和适用场景，需要根据具体的研究目标和环境来选择合适的方法。例如，问卷调查法可以在较短时间内收集大量数据，而观察法则能够揭示用户真实的行为模式。

2. 用户人群分析

通过研究，设计师可以理解并划分出不同的用户群体，并了解每个用户群体的特性和需求。例如，青少年用户可能对新颖、时尚的设计更为关注，而老年用户可能更看重易用性和功能性。

3. 用户行为模式

除了用户的明确需求，用户的行为模式也是非常重要的研究对象。例如，用户在使用产品的过程中，有什么样的习惯和偏好？在何种情况下更容易使用产品？这些都可以为产品设计提供有价值的指导。

4. 用户需求和痛点挖掘

进行深入的用户研究可以揭示用户的深层次需求和痛点。这些需求和痛点可能并未被用户明确表述，但是一旦被满足和解决，往往能极大提升产品的用户体验。

5. 用户反馈的收集和分析

持续收集和分析用户的反馈，可以帮助设计师了解产品的优点和不足，从而进行迭代改进。这不仅包括产品发布后的反馈，也包括在产品设计阶段的原型测试反馈。

（二）隐含需求

隐含需求是用户需求中一种十分重要但又经常被忽视的部分，这是由于用户自身可能并未清晰地意识到这种需求，或者尚未有产品或服务能够满足这种需求，因此它们没有被明确地表达出来。这些需求通常隐藏在用户的行为、语言以及用户与产品的交互中，只有通过深入、细致的研究才能发现出来。

1. 隐含需求的发现

发现隐含需求的方法多种多样，如深度访谈、观察研究、情境分析等。深度访谈可以深入了解用户的生活、工作情况以及使用产品的过程和体验，揭示出用户可能未曾明确提出的需求。观察研究能通过观察用户在实际环境中使用产品的行为来找出隐含的需求。情境分析则通过分析用户在特定情境下的行为和反应，揭示出隐含的需求。

2. 隐含需求的价值

隐含需求的满足往往能极大地提升产品的用户体验和满意度。这是因为隐含需求往往与用户的核心需求和痛点密切相关，一旦被满足，可以显著改善用户的使用体验。此外，满足隐含需求也有可能使产品在市场上具有独特的竞争优势，因为这些需求可能还未被其他产品注意和满足。

3. 隐含需求的挑战

虽然隐含需求具有很大的价值，但发现和满足隐含需求也面临着一些挑战。首先，隐含需求的发现需要深入、细致的研究，需要投入大量的时间和精力。其次，隐含需求的定义可能比较模糊，需要通过深入的分析和理解才能准确把握。最后，满足隐含需求可能需要技术的创新或者产品设计的重大改变，这也需要投入大量的资源。

（三）个性定制

个性定制是用户需求的重要内容之一，它源于用户对产品和服务个性化、独特化的追求。随着社会的进步和经济的发展，用户的需求日益多元化和个性化，不再满足于“千篇一律”的产品，而是希望产品能够展现自己的个性和特点，满足自己特定的需求。因此，个性定制在产品创新设计中的地位日益突出。

1. 个性定制的概念

个性定制，顾名思义，就是根据每个用户的个性化需求，为其量身打造产品或服务。这种需求可能涵盖产品的外观、功能、性能、材料、颜色等多个方面。通过个性定制，用户可以得到完全符合自己需求和喜好的产品，从而提升使用满意度。

2. 个性定制的价值

个性定制的价值主要体现在两个方面，一是满足用户的个性化需求，提升用户满意度；二是赋予产品独特性，提升产品的竞争力。个性定制使产品具有独一无二的特点，不仅能满足用户的需求，同时也能在众多同类产品中脱颖而出，增加产品的吸引力。

3. 个性定制的实施

个性定制的实施需要企业对用户的需求有深入的了解，并且需要有足够的技术和制造能力。企业需要通过各种方式收集用户的个性化需求，如用户访谈、问卷调查、大数据分析等，然后通过技术和设计的创新，将这些需求转化为实际的产品设计和制造。

4. 个性定制的挑战

尽管个性定制具有很大的价值，但它也面临一些挑战。首先，个性定制需要较高的技术和制造水平，企业需要投入大量的资源进行研发和制造。其次，个性定制可能增加产品的成本和价格，如何平衡成本和价格，以满足用户需求的同时又保持产品的竞争力，是企业需要考虑的问题。

总的来说，个性定制是用户需求的重要内容之一，是产品创新设计的重要方向。企业应充分认识到个性定制的价值，投入资源进行技术和设计的创新，以满足用户的个性化需求。

三、创新思维

创新思维是一种富有想象力和突破传统的思考方式，它鼓励我们挑战常规、追求新的解决方案。在不断变化和竞争激烈的现实世界中，创新思维成为推动个人和组织前进的关键。它能够激发创造力、促进变革，并为创新和发展开辟新的道路。通过开放的心态和不断探索的精神，我们能够超越限制、发现机会，并创造出真正独特和有意义的成果。创新思维引领着我们进入一个充满无限可能的未来。

（一）逆向思维

逆向思维是创新思维的重要内容，它是指与常规的、传统的或大众的思考方式相反的思维方式。逆向思维不是简单的否定常规思维，而是在理解并接受常规思维的基础上，敢于挑战、突破并超越现有的思考框架，以寻找和发现全新的思考视角和解决问题的方法。在产品创新设计中，逆向思维的运用能够帮助设计师突破常规，实现设计的创新。

逆向思维的核心特点是挑战常规和既定的思考模式。它要求我们跳出已有的思维框架，从一个全新的角度去思考问题，这就需要我们对问题的理解有更深入的洞察力，对问题的解决有更灵活的思考方式。

逆向思维能够激发我们的创新思维，使我们能够从不同的角度看待问题，寻找到更具创新性和实用性的解决方案。在产品创新设计中，通过逆向思维，设计师可以发现和创造出一些传统思维方式无法触及的设计元素和功能，从而使产品具有更强的竞争力和吸引力。在产品创新设计中，逆向思维的运用通常表现为：打破常规设计模式，比如颠覆常规的产品形状、功能、材质等设计元素；从用户的角度出发，反思产品设计的逻辑和过程，提出新的设计方案；反向思考问题，从问题的反面去思考，比如“用户不喜欢什么”“如果不这么设计会怎样”等，从而发现新的设计方向和机会。

虽然逆向思维具有很大的价值，但是它的应用也面临一些挑战。例如，逆向思维需要较强的创新能力和洞察力，这对设计师的素质和能力提出了较高的要求；又如，逆向思维可能引发一些争议和挑战，如何处理这些争议，如何将创新的思维转化为实际的设计方案，是设计师需要解决的问题；等等。

（二）求异思维

求异思维是创新思维的重要内容，其核心理念是寻求和欣赏与众不同的观点、想法和解决方案。在产品创新设计中，求异思维能够激发设计师的创新潜力，帮助他们打破常规，寻找和创造独特的设计方案。

求异思维的主要特征是对新奇、独特、非主流的想法或者观点持开放态度，不满足于现状，对新鲜事物充满好奇心。这样的思维方式让设计师们能够透过现象看本质，发现那些被忽视或者未被注意的设计机会。

在产品创新设计中，求异思维的价值主要体现在推动创新过程不断发展。因为求异思维让设计师们敢于挑战已有的规则，敢于对现状质疑，从而激发出新的创新灵感。同时，求异思维也能让设计师们对已有的产品或者服务提出不同的看法，以此为基础进一步进行创新设计。在实际的产品设计中，求异思维的运用通常表现为对传统设计元素、设计方法的挑战，以及对用户行为、用户需求的深入挖掘。比如，设计师可能选择使用非常规的材料或者工艺，以此创造出独特的产品形象；也可能通过深入研究用户行为和需求，挖掘出那些未被满足的、潜在的需求，以此为出发点进行创新设计。

虽然求异思维能够推动产品创新设计的进程，但是其挑战也不容忽视。例如，求异思维可能引发一些争议，这需要设计师有足够的胆识和智慧去处理。又如，过于追求新奇和独特，可能让产品离用户需求过远，甚至让产品变得不实用，这需要设计师能够正确地把握度，达到创新和实用的平衡。总的来说，求异思维是创新思维的重要内容，它对于推动产品创新设计起到了重要的推动作用。

（三）发散思维

发散思维是创新思维的重要内容之一，它是一种自由、开放、多元的思考方式，其主要特点是思维的广度和灵活性，强调从多角度、多维度去思考问题，生成尽可能多的解决方案。在产品创新设计中，发散思维有助于扩大设计思路、激发设计创意，为设计师提供更多的可能性和灵感。

发散思维具有自由性、开放性、多样性和非线性等特性。自由性让设计师不受束缚，开放性使设计师乐于接受新的想法，多样性使得解决问题的方案增多，非线性则让设计师的思维可以跳跃性地进行，从而更可能产生创新的想法和解决方案。

在产品创新设计中，发散思维可以引导设计师从多个角度去看问题，寻找新的解决方案，这有助于设计师突破自我限制，开拓新的思维空间。发散思维也鼓励设计师积极地探索、试验和学习，这有助于设计师提升自身的创新能力，提供更多的创新设计。在产品创新设计中，发散思维可以应用于各个阶段，如市场研究、需求分析、概念生成、方案评估、原型测试等。例如，在概念生成阶段，设计师可以通过发散思维生成多种可能的设计概念；在原型测试阶段，设计师可以通过发散思维探索多种可能的改进方案。虽然发散思维具有许多优点，但是也存在一些挑战。首先，发散思维可能使设计师在海量的信息和想法中感到迷惑，难以决策。因此，发散思维通常需要与收敛思维相结合，以帮助设计师筛选和优化想法，达成最终的设计决策。其次，发散思维需要一定的思维训练和实践，设计师需要学习和掌握一定的技巧和方法，以有效地应用发散思维。

四、新兴技术

产品创新设计正受益于众多新兴技术的涌现。这些技术不仅拓展了产品功能和性能的边界，还为用户带来了前所未有的体验和便利。从物联网、人工智能到虚拟现实，新兴技术为产品创新注入了无限可能，让我们能够打造更智能、更高效、更与时俱进的产品。在这个数字化时代，抓住新兴技术的机遇，创造独特的产品体验已经成为企业成功的关键之一。

（一）物联网（IoT）

物联网（Internet of Things，IoT）是指将各种物理设备、传感器、软件和网络链接起来，实现设备之间的互联互通，并通过云计算和数据分析实现智能化和自动化控制的技术和概念。在产品创新设计中，物联网技术提供了许多新的可能性和机会。以下是一些物联网在产品创新设计中的应用领域。

1. 智能家居

通过将家居设备、家电和安全系统链接到物联网，可以实现智能化的家居管理。用户可以通过智能手机或其他终端设备控制家中的照明、温度、安全系统等，实现远程监控和自动化控制。

2. 智能城市

物联网可以用于城市基础设施的管理和优化，包括智能交通系统、智能能源管理、环境监测等。通过传感器和数据分析，可以实时监测交通流量、能源使用情况和环境指标，从而提高城市的运行效率和居民的生活质量。

3. 工业自动化

物联网技术可以应用于工业领域，实现设备的远程监控和自动化控制。通过将传感器和设备链接到物联网，可以实现生产过程的实时监测和优化，提高生产效率和质量。

4. 智能健康护理

物联网可以应用于医疗和健康护理领域，例如通过可穿戴设备监测患者的健康状况，将数据传输到云端进行分析和诊断。同时，物联网还可以实现医疗设备的远程监控和管理，提供更好的医疗服务和护理。

5. 农业和环境监测

物联网可以应用于农业领域，通过传感器监测土壤湿度、气象条件等指标，实现精准农业和智能灌溉。此外，物联网还可以用于环境监测，实时监测大气污染、水质状况等环境指标。

这些只是物联网在产品创新设计中的一些应用领域，随着技术的发展和创新，物联网在更多领域都有潜在的应用价值。通过充分发挥物联网技术的优势，可以实现产品功能的拓展、智能化的控制和更好的用户体验。

（二）人工智能（AI）

人工智能（Artificial Intelligence，AI）是一种模拟人类智能的技术和系统，通过学习、推理、感知和自主决策等方式，使机器能够模仿人类的认知和行为能力。在产品创新设计中，人工智能技术可以应用于多个领域，为产品带来许多新的功能和增值特性。以下是人工智能在产品创新设计中的一些应用领域。

1. 聊天机器人和虚拟助手

人工智能可以用于开发智能对话系统，如聊天机器人和虚拟助手。这些系统能够理解用户的语言和意图，并提供相关的信息和服务，为用户提供个性化的交互体验。

2. 智能推荐系统

通过分析用户的行为和偏好，人工智能可以构建智能推荐系统，向用户推荐个性化的产品、内容或服务。这种个性化推荐可以提高用户的满意度和购买体验。

3. 图像和语音识别

人工智能技术在图像和语音识别方面取得了重大突破。它可以应用于产品设计中的图像识别、人脸识别、语音控制等功能，为用户提供更直观和自然的交互方式。

4. 数据分析和预测

人工智能可以应用于产品数据的分析和预测，帮助企业了解用户行为、市场趋势和需求变化。通过智能分析和预测，企业可以做出更准确的决策，提高产品的竞争力。

5. 自动化和智能控制

人工智能可以用于产品的自动化控制和智能化管理。例如，智能家居系统可以通过人工智能技术实现设备的自动化控制和智能化调度，提高居住环境的舒适性和能源效率。

上述内容只是人工智能在产品创新设计中的一些应用领域。随着人工智能技术的不断发展和创新，将会有更多的机会和挑战出现在产品创新的道路上。充分发掘人工智能技术的潜力，可以为产品带来更强大的智能能力和用户体验。

（三）虚拟现实（VR）和增强现实（AR）

虚拟现实（Virtual Reality，VR）和增强现实（Augmented Reality，AR）是两种基于计算机技术的交互式现实体验方式。虚拟现实通过头戴式显示器和感知设备，将用户完全沉浸到虚拟世界中，而增强现实则通过显示器或投影技术，在真实世界中叠加虚拟元素。在产品创新设计中，虚拟现实和增强现实技术为用户提供了与现实世界不同的沉浸式体验，为产品带来了许多新的应用和增值特性。以下是虚拟现实和增强现实在产品创新设计中的一些主要应用领域。

1. 游戏和娱乐体验

虚拟现实和增强现实为游戏和娱乐产业带来了巨大的创新空间。通过虚拟现实技术，用户可以身临其境地参与游戏，享受更加逼真和沉浸式的体验。增强现实技术可以将虚拟元素叠加到真实世界中，创造出全新的游戏和娱乐形式。

2. 虚拟试衣和购物体验

虚拟现实和增强现实可以应用于服装和零售行业，提供虚拟试衣和购物的体验。用户可以通过虚拟现实技术在虚拟环境中试穿衣物，并实时查看效果。增强现实技术可以在真实环境中叠加虚拟商品，让用户可以直观地感受到产品特性和效果。

3. 虚拟旅游和远程体验

虚拟现实技术可以模拟真实世界的旅游景点和场景，让用户可以在家中享受虚拟旅游的体验。增强现实技术可以将虚拟导游叠加到真实景点中，为用户提供更丰富的旅游体验。此外，虚拟现实和增强现实还可

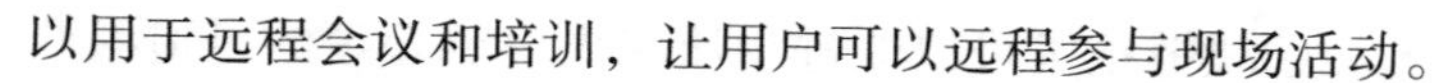

以用于远程会议和培训，让用户可以远程参与现场活动。

4. 教育和培训

虚拟现实和增强显示可以用于教育和培训领域，从而营造具有更强互动性的环境通过虚拟现实技术，用户可以身临其境地参与历史重现、科学实验等学习活动。增强现实技术可以将虚拟元素叠加到现实场景中，提供更直观的学习和培训体验。

5. 设计和创意表达

虚拟现实和增强现实可以用于产品设计和创意表达的过程中。设计师可以使用虚拟现实技术进行虚拟建模和实时渲染，以更直观和立体的方式呈现设计方案。增强现实技术可以将虚拟元素叠加到现实环境中，帮助设计师和艺术家实现创意表达。

虚拟现实和增强现实技术正在不断发展和创新，为产品创新设计带来了广阔的可能性。随着硬件设备的改进和技术的成熟，虚拟现实和增强现实将逐渐融入人们的日常生活和工作中，成为产品创新设计中不可或缺的重要组成部分。通过充分利用虚拟现实和增强现实技术的优势，可以为产品带来更加沉浸式、互动性强和个性化的体验，提升产品的竞争力和用户满意度。

（四）区块链技术

区块链技术是一种去中心化的分布式账本技术，通过加密算法和共识机制确保数据的安全性和可信度。它的核心特点是去中心化、透明性、不可篡改和可追溯性。在产品创新设计中，区块链技术为许多领域带来了创新和改变。以下是区块链技术在产品创新设计中的一些主要应用领域。

区块链技术可以用于改进金融交易和支付系统。通过建立去中心化的区块链网络，可以实现安全、快速和低成本的跨境支付和转账。此外，区块链技术还可以应用于数字资产管理、智能合约和去中心化金融（DeFi）等领域。区块链技术可以改进物流和供应链管理的可追溯性和透明度。通过将物流信息和交易记录在区块链上，可以实现对产品来源、运输过程和质量验证的可信追踪。这可以帮助消费者了解产品的真实性和合规性，提高供应链的效率和可靠性。区块链技术还可以用于数字版权保护和管理。通过将版权信息记录记录在区块链上，可以确保数字内容的产权归属和防止盗版行为。此外，区块链技术还可以提供更公平和透明的内容分发和激励机制，为内容创作者提供更多的收益和更好的保护。

除此之外，区块链技术还可以应用于健康医疗领域，提高医疗数据的安全性和可访问性。通过将患者的医疗数据记录在区块链上，可以实现数据的安全共享和跨机构的协同治疗。此外，区块链技术还可以应用于药品溯源和临床试验管理等方面。有时区块链也能够用于改进社交媒体平台和数字身份管理。通过建立去中心化的社交媒体平台，用户可以更好地掌握自己的数据，并获得更加隐私和安全的在线交互体验。此外，区块链技术还可以提供可信的数字身份验证和管理，帮助用户更好地管理和保护个人信息。

虽然区块链技术在产品创新设计中有广阔的应用前景，但也面临一些挑战和限制。其中包括性能扩展、隐私保护、法律和监管等方面的问题。然而，随着技术的不断演进和应用实践的积累，这些问题将逐渐得到解决，区块链技术将进一步推动产品创新和商业模式的改变。举例来说，一个基于区块链技术的供应链管理系统可以实现对产品从生产到消费的全程追溯。每个环节的交易和操作都被记录在区块链上，并且无法篡改。这意味着消费者可以准确地了解产品的来源、质量和生产过程，增加了信任度。又如，区块链技术可以用于构建去中心化的能源交易平台，实现能源的直接交换和可再生能源的分布式管理。通过智能合约和区块链技术，参与者可以直接交易能源，减少中间环节和能源浪费，促进可持续能源的发展。

总之，区块链技术在产品创新设计中具有巨大的潜力。它可以改变传统的商业模式，提供更安全、透明、高效和可信的产品和服务。然而，充分理解和应用区块链技术的优势和限制，结合实际需求和用户体验，才能实现区块链技术在产品创新中的最大化效益。

（五）生物技术

生物技术是利用生物学、化学和工程学等知识和技术，研究和应用生物体的生物学特性、生物制造和生物过程，以解决人类和社会面临的各种问题，并提供新的产品和服务。在产品创新设计中，生物技术为许多领域带来了巨大的创新和改变。以下是生物技术在产品创新设计中的一些主要应用领域。

生物技术在医药和健康领域的应用非常广泛。通过生物技术的手段，可以研发新药物、治疗方法和诊断工具，以提高疾病的治疗效果和预防控制。例如，基因编辑技术可以用于治疗遗传性疾病，细胞培养和组织工程技术可以用于修复和再生组织。生物技术在农业和食品生产中的应用可以提高农作物的产量、品质和抗性，减少对化学农药和化肥的依赖。例如，转基因技术可以用于改良作物的抗病虫害能力和适应环境的能力，生物农药可以替代化学农药，生物肥料可以提供营养和改善土壤质量。生物技术可以应用于环境保护和可持续发展领域，提供解决方案和创新产品。例如，生物降解材料可以减少塑料和其他污染物对环境的影响，生物能源技术可以利用生物质资源来替代化石燃料，生物传感器可以用于监测和检测环境中的污染物。生物技术还可以用于工业生产和生物制造领域，提高生产效率和产品质量。例如，利用微生物发酵生产药物、生物染料和生物塑料，利用酶和微生物进行生物催化和生物合成，可以实现绿色和可持续的生产过程。

此外，生物技术可以应用于研发新型的生物药物，如单克隆抗体和基因疗法。这些药物通过利用生物体内的生物分子和机制，可以针对性地治疗疾病，提高疗效并减少副作用。又如，利用合成生物学和基因编辑技术，设计和构建具有特定功能的微生物，如生产特定化学物质、清洁能源和环境修复等。生物技术的发展为产品创新设计带来了巨大的机遇和挑战。随着技术的进步和不断的研发创新，生物技术将继续推动产品创新和社会发展，为人类提供更健康、可持续和高质量的生活。然而，也需要注意生物技术的伦理、法律和安全等问题，确保其应用的可持续性和社会接受度。

五、环境责任

产品创新设计不仅要追求商业成功，更需要承担环境责任。每一项创新设计都会对地球产生深远影响。因此，工作人员必须始终秉持着环境责任的理念，致力于打造可持续的产品。要始终以减少资源消耗、降低碳排放、推动循环经济为目标，通过创新设计来创造更加环保和生态平衡的解决方案。

（一）环境友好材料

环境友好材料是指在产品创新设计过程中采用的能够减少对环境影响的材料。这些材料通常具有以下特点：可再生、可降解、低碳排放、无毒无害、资源高效利用等。在产品创新设计中，选择环境友好材料有助于可持续发展。

1. 包装材料

传统的包装材料（如塑料、泡沫等）往往难以降解，对环境造成负面影响。而环境友好材料（如生物可降解塑料、纸张和可再生纤维材料等）能够减少对环境的污染。例如，一些可生物降解的塑料材料可以在自然环境中迅速分解，减少塑料垃圾的积累。

2. 建筑材料

传统的建筑材料（如混凝土、石材等）对能源和资源消耗较高，并且会产生大量碳排放。而环境友好材料（如可再生材料、高效绝热材料等）可以减少能源消耗和碳排放，并且有利于建筑物的能源效率提升。例如，利用竹木等可再生材料替代传统木材和石材，可以减少对森林资源的压力，并且具有较低的碳足迹。

3. 纺织品和服装

传统的纺织品生产通常使用化学合成纤维和有毒染料，对水源和环境造成污染。而环境友好材料（如有机棉、麻、竹纤维等）可以减少化学物质的使用，降低对环境的影响。同时，采用可再生纤维和循环纺织技术，可以推动可持续的纺织品产业发展。

4. 电子产品

电子产品的制造和使用过程对环境有一定的影响，如资源消耗、电子废物处理等。采用环境友好材料（如可再生塑料、低能耗电子元件等）可以减少对资源的依赖和能源消耗，并且有利于电子废物的回收和再利用。例如，采用可降解塑料外壳和可再生电池等，可以减少对有限资源的开采和对环境的污染。

总之，环境友好材料在产品创新设计中具有重要的作用。通过选择和应用这些材料，可以减少对环境的负面影响，推动可持续发展和环境责任。然而，在选择环境友好材料时，需要综合考虑材料的性能、可行性、成本等因素，并且与其他创新设计要素相互协调，以实现产品的整体优化和可持续发展。

（二）循环经济设计

循环经济设计是一种基于可持续发展理念的经济模式，旨在减少资源消耗、降低环境污染，通过最大限度地回收、再利用和循环利用资源，实现经济、环境和社会的可持续发展。在产品创新设计中，循环经济设计的应用可以带来多重好处。

循环经济设计强调资源的回收、再利用和循环利用。通过设计产品的生命周期，考虑资源的可持续利用和再制造的可能性，可以最大限度地减少对资源的浪费和消耗。例如，产品设计中可以采用可拆卸组件、材料的选择和优化，以便于后期的回收和再利用。

循环经济设计注重产品的耐用性和可维修性，使产品在使用寿命结束后可以进行修复和更新，延长其寿命周期。这有助于减少废弃物的产生，并节约原始资源的使用。例如，电子产品可以采用模块化设计，使得损坏的部件可以更换，延长产品的使用寿命。

循环经济设计鼓励将废弃物转化为资源，通过回收、再加工和转化，使其成为新的原材料或能源来源。例如，废弃物可以被回收再利用，或者通过生物降解和有机肥料的生产，实现废物的资源化。循环经济设计鼓励不同行业和企业之间合作，建立循环供应链和产业协同机制。通过共享资源、能量和信息，实现资源的最优利用和循环利用。例如，废弃物产生的一个行业可以成为另一个行业的原材料，促进资源的循环利用。

循环经济设计减少了对原始资源的需求和开采，同时减少了废物的产生和排放。这有助于降低环境污染和碳排放，保护生态系统的健康。例如，通过采用可再生能源、减少物流距离、改善生产工艺等方式，可以降低产品的碳足迹。需要注意的是，循环经济设计的成功应用需要综合考虑产品的设计、材料选择、生产过程和消费者行为等方面。同时，政府、企业和消费者的共同努力也是实现循环经济的关键。通过合作推动循环经济设计的应用，有助于推动可持续发展进程，从而实现经济、环境和社会的全面发展。

（三）绿色包装设计

绿色包装设计是一种以环境友好和可持续发展为导向的包装设计方法，旨在减少对环境的影响，降低资源消耗和废物产生。它关注整个包装生命周期的环境影响，包括材料选择、包装设计、生产过程、使用阶段和废弃处理。在产品创新设计中，绿色包装设计的应用具有重要意义。

以下是绿色包装设计在产品创新中的一些主要应用和优势。

绿色包装设计倡导使用环境友好的材料，如可再生材料、可降解材料和循环利用材料等。这些材料具有较低的环境影响，能够减少资源消耗和废物产生。例如，可使用可降解的生物塑料替代传统塑料包装，或采用纸板、竹纤维等可再生材料。绿色包装设计还注重包装材料的可循环性和可回收性。它鼓励使用可回收材料和设计易于回收的包装。例如，采用可分离的材料，方便消费者进行分拣和回收，或使用可回收的纸板、玻璃和金属材料等。

绿色包装设计鼓励精简包装，减少不必要的材料和空间使用。通过优化包装结构和设计，可以减少材料用量、减少运输空间和节约能源。例如，采用轻量化设计、模块化设计和可堆叠设计等，以减少包装的体积和重量。

绿色包装设计借助创新技术和工艺，开发出新型的环保包装解决方案。例如，采用生物降解包装材料、智能包装技术、可食用包装等，以满足消费者对环保包装的需求。而且绿色包装设计还十分强调消费者的角色和责任，鼓励他们参与环保行动。通过提供清晰的包装标识和环保信息，消费者可以做出更环保的购买决策，正确处理和回收包装废物。

总的来看，绿色包装设计不仅有助于减少对环境的负面影响，还可以带来其他好处。例如，通过减少材料和能源的使用，可以降低产品的成本和运输的碳足迹。同时，绿色包装设计也有助于提升企业的形象和品牌价值，满足消费者对可持续发展的需求和偏好。然而，实施绿色包装设计也面临一些挑战。其中之一是平衡环境友好和产品保护的需求。在追求环保的同时，包装必须保证产品的安全性和完整性。推动绿色包装设计需要多方合作，包括政府、企业、供应链合作伙伴和消费者的共同努力。

六、市场定位

在产品创新设计中，市场定位是至关重要的一步。它涉及深入了解目标市场、消费者需求和竞争环境，以确定产品在市场中的定位和差异化优势。

（一）目标市场选择

在产品创新设计中，目标市场涉及对潜在消费者群体进行深入研究和分析，以确定产品最具潜力和竞争优势的市场细分。选择目标市场时，以下几个方面需要考虑。

潜在需求和机会：了解不同市场细分的需求和机会，确定哪些市场对产品创新具有较高的需求和潜在机会。例如，随着老龄化人口的增加，针对老年人健康和生活便利的产品市场具有巨大潜力。

市场规模和增长潜力：评估不同市场细分的规模和增长潜力，选择具有较大市场规模和增长前景的目标市场。例如，可再生能源领域的市场在全球范围内不断扩大，为创新设计可再生能源产品提供了广阔的市场空间。

竞争程度和竞争优势：分析不同市场细分的竞争程度和竞争对手，寻找企业在特定市场中能够建立竞争优势的机会。例如，在智能家居领域，产品创新设计能够帮助企业在竞争激烈的市场中突出自己，提供独特的用户体验。

目标客户特征：了解目标市场的客户特征，包括年龄、性别、收入水平、兴趣爱好等，以便更好地满足他们的需求和期望。例如，对于年青一代消费者，设计时尚、个性化的产品可能更具吸引力。

渠道和营销策略：考虑目标市场的渠道和营销策略，确保产品能够有效地传达给目标消费者。例如，在面向企业市场的产品创新设计中，建立与行业合作伙伴的合作关系，通过专业展览、行业研讨会等渠道推广产品。

（二）产品定位选择

在产品创新设计中，产品定位选择是指确定产品在目标市场中所占据的独特位置和价值主张。产品定位旨在让消费者明确理解产品的特点、优势和目标市场，与竞争对手形成明显的差异化。在选择产品定位时，需要考虑。以下几个方面

（1）产品特点和功能：分析产品的独特特点和功能，并将其与竞争对手进行对比。确定产品在性能、质量、功能等方面的优势，以便将其作为定位的基础。例如，某款智能手表具有多项健康监测功能和定制化设计，可以将其定位为高端健康追踪器。

（2）价值主张：明确产品所提供的价值和利益，以及如何满足目标市场的需求和期望。价值主张可以包括产品的性能、效果、便利性、节约成本等方面的优势。例如，某款清洁用品宣称采用天然成分、无刺激性，并具有出色的清洁效果，将其定位为环保健康的清洁解决方案。

（3）目标客户群体：深入了解目标客户群体的需求、偏好和行为，确定产品定位能够最好地满足他们的需求。例如，针对年轻专业人士的办公家具可以将其定位为现代、时尚、功能齐全的工作空间解决方案。

（4）竞争对手分析：研究竞争对手在市场中的定位和品牌形象，确定如何与其区分开来，为目标市场提供独特的价值主张。例如，某个智能家居设备可以强调其与竞争对手相比的创新性、智能化程度和用户友好性。

（5）品牌形象和声誉：产品定位需要与品牌形象和企业声誉相一致。考虑品牌的核心价值观和品牌定位，确保产品的定位与品牌形象相符。例如，一个注重环保和可持续发展的品牌可以将其产品定位为环保友好和可持续的解决方案。

（三）营销策略选择

营销策略选择决定了如何将产品推向市场并吸引目标客户。以下是

一些常见的营销策略。

（1）定价策略：选择适当的定价策略是营销策略的核心之一。企业可以采取不同的定价策略，如市场导向定价、成本导向定价、竞争导向定价等。选择合适的定价策略需要综合考虑产品成本、目标市场需求、竞争对手定价和消费者付费意愿。

（2）促销策略：通过促销活动来推广产品，激发消费者的购买兴趣。促销策略包括打折、赠品、抽奖、优惠券等形式。选择适当的促销策略需要考虑目标市场的偏好和消费者的购买动机。

（3）渠道策略：选择合适的销售渠道是确保产品能够有效到达目标客户的重要因素。渠道策略包括直销、分销、电子商务、零售商等。根据产品的性质和目标市场的特点选择适当的销售渠道，确保产品能够便捷地被消费者购买。

（4）品牌传播策略：品牌传播是建立产品知名度和塑造品牌形象的关键。选择合适的品牌传播策略可以通过广告、公关、社交媒体营销等手段来有效地传达产品的价值和优势。根据目标客户的媒体使用习惯和传播渠道选择合适的品牌传播策略。

客户关系管理策略：建立良好的客户关系对于产品创新设计至关重要。通过提供优质的售后服务、建立客户反馈机制和制订客户忠诚计划等方式，保持与客户的良好关系，并进一步推动产品的销售和市场份额增长。

第六章　信息技术概述及其对于产品创新设计的影响

第一节　信息技术概述

一、信息技术的相关概念

信息技术是指利用计算机和通信技术来处理、存储、传输和获取信息的一门学科。它在现代社会中扮演着重要的角色，推动着各个行业的发展和变革。通过信息技术，人们可以快速获取和共享信息，实现高效的数据管理和处理，以及创造创新的解决方案。信息技术的应用范围广泛，涵盖了计算机硬件和软件、网络和通信技术、软件开发和编程、数据管理和数据库系统、网络与信息安全、人工智能和机器学习等领域。随着科技的不断进步，信息技术将继续推动着社会的发展和进步。

（一）信息技术的定义

信息技术（Information Technology，IT）是指利用计算机技术和通信技术来处理、存储、传输和获取信息的一门学科。它涵盖了计算机硬件、软件、网络、通信和数据管理等方面，是现代社会中不可或缺的重要组成部分。信息技术的定义可以从多个角度进行论述。

信息技术可以被理解为一种工具或手段，用于处理和管理信息。它借助于计算机硬件和软件，通过对数据的输入、处理、存储和输出，实现对信息的获取、加工和传递。计算机硬件包括中央处理器、存储设备、输入输出设备等，而软件则包括操作系统、应用程序和开发工具等。信息技术涉及网络和通信技术，使得信息能够在不同的地点和时间进行传输和共享。互联网的发展和普及使得全球范围内的信息交流变得更加便捷和高效。网络技术包括局域网、广域网、无线通信等，通信技术则涉及协议、传输介质和通信设备等。信息技术还包括数据管理和数据库系统，用于有效地组织和存储大量的数据。数据库系统允许用户存储、访问和管理数据，通过结构化查询语言（SQL）进行数据的检索和操作。数据管理的目标是确保数据的完整性、安全性和可靠性，以支持决策和业务运营。此外，信息技术还涵盖了软件开发和编程，用于构建和定制各种应用程序和系统。编程语言和开发工具使得程序员能够编写代码、调试和测试应用程序。软件开发生命周期包括需求分析、设计、编码、测试和维护等阶段，确保软件的质量和可靠性。

值得注意的是，在当代，社会信息技术与网络与信息安全密切相关。随着信息的数字化和网络化，信息安全变得尤为重要。网络安全措施包括身份验证、访问控制、加密和防火墙等，以保护信息免受未经授权的访问、损坏或泄露。

总结来说，信息技术是一门综合性学科，涵盖了计算机硬件、软件、网络、通信、数据管理、安全和人工智能等方面。它在现代社会中起着重要的推动作用，促进了信息的快速传递、高效处理和广泛应用，对各个行业和领域都有着重要的影响。随着技术的不断发展和创新，信息技术将继续发挥重要作用，推动着社会的进步和发展。

（二）信息技术的特点

信息技术具有数字化、高速性、互联性、多样性、创新性和可扩展性等特点，这些特点使得信息技术成为现代社会中不可或缺的重要组成部分，对各个行业和领域都有着重要的影响。信息技术的特点如图 6–1 所示。

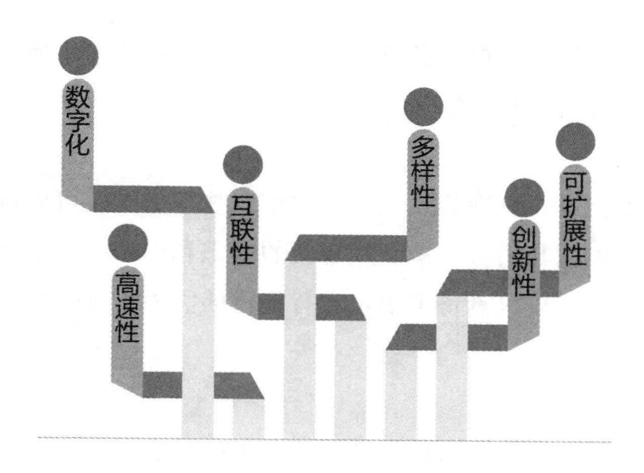

图 6-1　信息技术的特点

1. 数字化

信息技术的核心特点是将信息转化为数字形式进行处理、传输和存储。通过数字化，信息可以以高效、精确和可复制的方式进行操作，从而提高了信息处理的速度和准确性。

2. 高速性

信息技术使得信息的传输和处理速度大大加快。计算机和通信设备的发展使得信息可以在瞬间进行传输，网络的普及和高速化进一步提高了信息的传递速度。这种高速性使得人们可以更快地获取和共享信息。

3. 互联性

信息技术的另一个重要特点是互联性，即不同的设备和系统可以通过网络链接在一起，实现信息的共享和交流。互联网的普及使得全球范围内的信息可以无缝链接，人们可以通过电子邮件、社交媒体、在线聊天等方式进行实时交流和协作。

4. 多样性

信息技术涵盖了多个领域和应用，具有多样性。从计算机硬件和软件到网络技术、数据库系统、人工智能等，信息技术的应用范围广泛且多样化。这种多样性使得信息技术可以满足不同行业和领域的需求，并为其提供定制化的解决方案。

5. 创新性

信息技术促进了创新的发展。通过信息技术，人们可以进行大规模的数据分析、模拟和实验，从而发现新的知识和洞见。人工智能和机器学习的应用使得计算机具备了学习和智能化的能力，进一步推动了创新的实现。

6. 可扩展性

信息技术具有良好的可扩展性，可以根据需求进行扩展和升级。随着技术的进步，计算机硬件的性能不断提升，软件的功能不断增强，网络的带宽和覆盖范围也在扩展。这种可扩展性使得信息技术能够适应不断变化的需求和新兴的应用。

（三）信息技术的发展前景

信息技术在未来的发展前景非常广阔，它将在多个领域持续发挥重要作用。以下是一些关键领域和趋势，展示了信息技术的发展前景。

1. 人工智能和机器学习（Machine Learning）

AI 和机器学习技术的不断发展将改变各行各业的生存方式。AI 系统可以自动化和智能化地处理大量的数据，提供洞见和决策支持。它们将推动自动驾驶汽车、智能机器人、自然语言处理、计算机视觉等领域的创新。

2. 物联网

随着物联网设备的普及，我们将迎来一个链接万物的时代。物联网技术使得设备和传感器能够互联互通，实现数据的实时收集和交互。它将推动智能家居、智慧城市、智能工厂等领域的发展。

3. 云计算和大数据

云计算技术将持续发展，提供高效的数据存储和处理能力。大数据

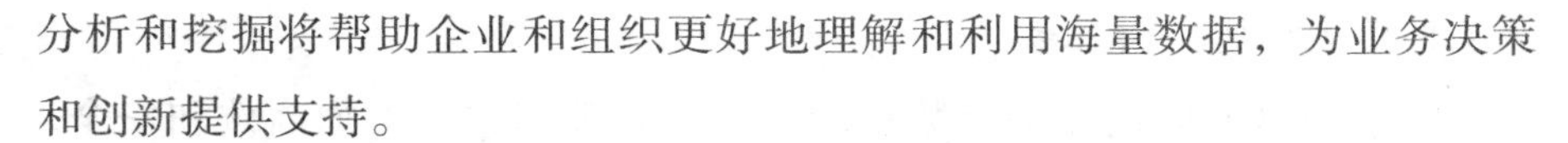

分析和挖掘将帮助企业和组织更好地理解和利用海量数据，为业务决策和创新提供支持。

4. 虚拟现实和增强现实

虚拟现实（virtual reality, VR）和增强现实（augmented reality, AR）技术将改变人们与数字世界的交互方式。它们将应用于娱乐、教育、医疗等领域，提供沉浸式体验和增强现实的信息呈现。

5.5G 和通信技术

5G 的普及将提供更高的网络速度、更低的延迟和更大的链接密度。它将推动移动应用、物联网和实时通信的发展，促进智能交通、远程医疗、智能制造等领域的创新。

综上所述，信息技术在人工智能、物联网、云计算、大数据、虚拟现实等领域都有着广阔的发展前景。随着技术的不断进步和创新，信息技术将继续推动社会的发展和进步，为我们的生活和工作带来更多的便利和创新。

二、信息技术与各行业各领域的融合应用

信息技术与各行业各领域的融合应用正在改变我们的生活和工作方式。无论是医疗、金融、零售还是制造业、教育、媒体等，信息技术的应用都带来了前所未有的便利和创新。通过数字化、互联网、人工智能等技术手段，信息技术与各行业相互交融，推动着效率提升、智能化发展和新商业模式的诞生。这种融合应用不仅改善了用户体验，也为企业和组织带来了巨大的竞争优势。

（一）医疗健康

信息技术在医疗健康领域的融合应用正在改变着医疗行业的面貌，为医疗服务提供了更高效、精准和个性化的解决方案。

1. 电子病历（EMR）

电子病历的应用使医疗数据的记录、管理和共享更加高效和安全。医生可以通过电子病历系统快速访问患者的病史、诊断结果和药物处方等信息，提升了医疗服务的质量和效率。此外，电子病历还能够支持医疗数据的分析和挖掘，为医学研究提供宝贵的数据资源。

2. 远程医疗（Telemedicine）

远程医疗利用信息技术实现医生和患者之间的远程诊断和治疗。通过视频通话、远程监测设备等技术，医生可以远程与患者交流和诊断，提供医疗咨询、开具处方等服务。这种方式可以克服地理和时间上的限制，特别适用于偏远地区或行动不便的患者，提高了医疗资源的分配效率。

3. 医疗影像分析

借助信息技术的发展，医疗影像的获取和分析变得更加高效和精确。计算机辅助诊断（CAD）系统能够对医疗影像（如 CT 扫描、MRI 等）进行自动分析和识别，辅助医生进行疾病诊断和治疗方案的制定。此外，人工智能技术的应用还能够实现医疗影像的自动标注和分类，提高医生对影像数据的利用效率。

4. 生物传感器监测

生物传感器技术结合信息技术，实现对人体生理参数的监测和记录。例如，可穿戴设备、健康监测手环等能够实时监测心率、血压、血氧等指标，帮助用户了解自身健康状况，及时采取措施预防疾病。这些传感器还可以与手机或云端系统链接，形成个人健康数据的长期监测和分析。

5. 智能健康设备

智能健康设备结合信息技术和物联网技术，为用户提供更加便捷和智能的健康管理方案。例如，智能手环、智能血糖仪等设备能够实时监测用户的健康指标，并通过手机应用或云端系统提供个性化的健康建议和追踪。这些设备不仅能够帮助用户管理健康，还可以与医疗机构或医生进行数据共享，实现更加精准的医疗服务。

这些信息技术与医疗健康的融合应用，为医疗行业带来了巨大的变革和发展机遇。它们提高了医疗服务的效率和准确性、缩小了医疗资源的差距、提升了患者的体验感和满意度。随着技术的进一步发展，信息技术在医疗健康领域的应用将继续深化，为人们的健康和医疗提供更加全面和个性化的支持。

（二）金融服务

信息技术在金融服务领域的融合应用正在推动金融行业的数字化转型，为用户提供更加便捷、安全和个性化的金融服务。

1. 电子支付

电子支付技术的普及和发展改变了人们的支付方式。通过移动支付应用、电子钱包和支付平台，消费者可以随时随地完成线上和线下的支付交易，无须携带现金或刷卡。例如，移动支付应用和扫码支付已经成为许多国家和地区日常消费的主要支付方式，为人们提供了更加便捷和安全的支付体验。

2. 网上银行

随着互联网的普及，网上银行为用户提供了全天候、无地域限制的金融服务。用户可以通过网上银行平台进行账户查询、转账、理财产品购买等操作，摆脱了传统银行柜台排队和时间限制的局限。同时，网上银行还提供了更加细化和个性化的金融服务，满足用户多样化的需求。

3. 身份验证

传统金融服务中的身份验证通常需要使用纸质文件或实体卡片，效率较低且存在安全风险。而信息技术的发展使得数字化身份验证成为可能。通过生物特征识别、人脸识别、指纹识别等技术，用户可以更便捷地验证身份，确保金融交易的安全性和真实性。

4. 高频交易

高频交易利用信息技术的高速性和智能化特点，通过算法和自动化交易系统进行快速交易。高频交易能够以毫秒级的速度进行交易，使投资者能够迅速捕捉市场机会和进行套利操作。这对于机构投资者和专业交易者来说，提供了更高效和精准的交易环境。

5. 风险管理

信息技术在金融风险管理中发挥着重要作用。通过大数据分析、人工智能和机器学习等技术，金融机构能够更好地识别、量化和管理风险。例如，风险模型和预测算法可以帮助金融机构评估借款人的信用风险，提供更准确的信贷决策。此外，欺诈检测系统也能够通过数据分析和模式识别，实时监测和预防金融欺诈行为。

这些信息技术与金融服务的融合应用，为金融行业带来了巨大的变革和创新。它们提高了金融服务的效率和便利性，增强了金融安全和风险管理能力。随着技术的不断进步，信息技术在金融服务领域的应用将继续推动金融行业向着数字化、智能化和个性化的方向发展。

（三）零售和电子商务

信息技术在零售和电子商务领域的融合应用正在重塑消费者的购物方式和零售商的运营模式。

1. 电子商务平台

电子商务平台成为消费者进行在线购物的主要渠道之一。通过电子商务平台，消费者可以随时随地浏览和购买各类商品，享受便捷的购物体验。同时，电商平台还提供了个性化的推荐和购物建议，根据用户的购买历史和偏好，推荐相关的商品，提高购物的满意度。

2. 移动支付形式

移动支付技术的普及使得消费者可以通过手机应用完成支付，摆脱了传统的现金和刷卡方式的限制。消费者只须使用手机扫描二维码或进

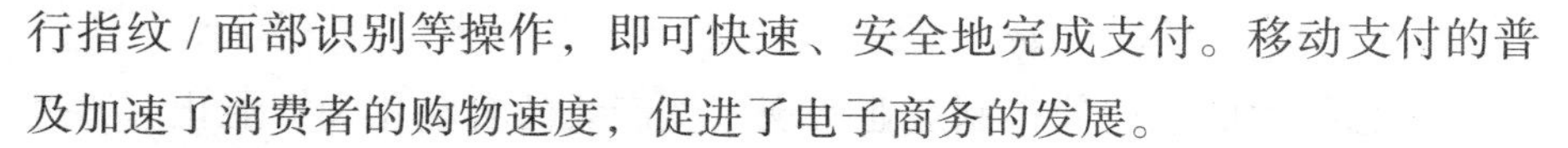

行指纹 / 面部识别等操作，即可快速、安全地完成支付。移动支付的普及加速了消费者的购物速度，促进了电子商务的发展。

3. 供应链管理

信息技术在供应链管理中发挥着重要作用。通过物联网技术、条码扫描、RFID 等技术，零售商和电商平台可以实时追踪和管理商品的库存、运输和交付过程。这有助于提高供应链的可视性和效率，减少库存积压和配送延迟，优化商品的供应和配送流程。

4. 大数据分析

零售商和电商平台通过大数据分析技术，对海量的消费数据进行挖掘和分析，获得消费者的购物偏好、行为模式和趋势。基于这些数据分析结果，零售商可以制定更精准的市场营销策略，优化商品定价和促销活动，提升销售业绩。同时，消费者也可以获得个性化的推荐和购物体验，满足他们的需求。

这些信息技术与零售和电子商务的融合应用，推动了零售业的数字化转型和创新。消费者通过在线购物获得了更加便捷和多样化的购物体验，而零售商和电商平台通过数据分析和供应链管理优化了业务运营和市场竞争力。随着技术的不断发展，信息技术在零售和电子商务领域的应用将继续演进，为消费者和零售商带来更多的价值和机遇。

（四）制造业

信息技术在制造业中的融合应用正在推动制造业实现数字化转型和智能化升级。

1. 物联网设备的监控和管理

制造业中的物联网设备可以实时监测和收集生产过程中的数据，包括设备运行状态、温度、湿度、能源消耗等。通过物联网平台和传感器技术，制造企业可以实现对设备的远程监控和管理，及时发现和解决设备故障，提高生产效率和可靠性。

2. 自动化生产线

信息技术的应用使得制造业实现了生产线的自动化和智能化。通过自动化设备、机器人和控制系统，制造企业能够实现生产过程的高度自动化，提高生产效率、降低成本并减少人为错误。例如，自动化的装配线可以实现产品的快速组装和检测，提高生产速度和质量。

3. 数字化工厂

数字化工厂是指利用信息技术将生产过程中的各个环节数字化和集成化，实现生产过程的可视化和优化。通过数字化工厂，制造企业可以实现生产计划的精确管理、生产资源的优化配置、生产过程的实时监控和调整，从而提高生产效率和灵活性。

4. 虚拟现实仿真

虚拟现实仿真技术在制造业中的应用主要体现在产品设计和生产过程的仿真和可视化。制造企业可以利用虚拟现实技术创建虚拟的产品原型和生产环境，通过虚拟现实设备和软件，设计师和工程师可以进行产品设计、装配过程模拟和人机界面优化，提前发现和解决问题，减少成本和时间。

这些信息技术与制造业的融合应用，为制造业带来了许多好处。它们提高了生产效率、质量控制能力和生产灵活性，减少了人为错误和生产成本。制造企业能够更好地满足市场需求，提供高质量的产品，增强市场竞争力。随着信息技术的不断发展，制造业的数字化转型和智能化升级将持续推进，为制造业带来更多的创新和增长机会。

（五）教育和培训

信息技术在教育和培训领域的融合应用正在改变传统的教育模式，为学生和教师提供更多的学习和教学机会。

在线学习平台通过互联网技术将学习资源和教学内容进行数字化和在线化，学生可以通过电脑或移动设备随时随地访问学习材料和课程。

在线学习平台提供了丰富多样的学习资源，包括教学视频、电子书籍、练习题和互动讨论等，学生可以根据自己的需求和进度进行学习。信息技术使得课程内容可以以电子形式呈现，学生可以通过电子设备阅读课程材料、观看教学视频和参与在线作业。电子课程的优势在于它可以根据学生的学习进度和兴趣进行个性化定制，提供针对性的学习内容和资源，帮助学生更好地理解和掌握知识。

虚拟教室是一种通过网络链接学生和教师，进行远程教学和互动的教学环境。通过视频会议、在线白板和即时消息等工具，学生和教师可以进行实时的教学交流和互动，解决问题、讨论课题，并分享学习资源和作业。而且信息技术的发展还催生了智能辅助教学工具和应用。例如，智能教育软件和应用程序可以根据学生的学习表现和需求提供个性化的学习建议和反馈。同时，学习分析技术可以通过对学生学习数据的分析，提供师生双方有关学习进度、知识掌握和学习困难的反馈信息，帮助教师更好地了解学生的学习情况，从而进行有针对性的教学。

这些信息技术与教育和培训的融合应用提供了更加灵活和个性化的学习环境，学生可以根据自己的学习风格和节奏进行学习，教师可以更好地根据学生的需求进行教学。同时，信息技术还打破了地理和时间的限制，使得学生和教师可以进行远程互动，充分利用全球范围内的教育资源。随着信息技术的不断发展，教育和培训领域将继续迎来更多创新和机遇，为学生提供更好的学习体验和教育质量。

（六）媒体和娱乐

信息技术在媒体和娱乐领域的融合应用为用户提供了更加丰富多样的内容和娱乐体验。

数字媒体的兴起使得信息的传播和获取更加便捷。用户可以通过网络浏览器、移动应用等平台获取新闻、文章、音频、视频等多种形式的内容。传统媒体机构也转向数字媒体，通过建立在线新闻网站和移动应用来扩大触达范围，并与用户进一步互动交流。

流媒体平台提供了大量的音乐、电影、电视剧等数字内容的在线播放服务。用户可以通过订阅或按需付费的方式在互联网上观看或听取高品质的音频视频内容，而无须购买实体媒体或等待下载。流媒体平台的兴起改变了用户获取和消费娱乐内容的方式，例如音乐流媒体服务允许用户根据自己的喜好创建个性化的播放列表，电影和电视剧流媒体服务提供了随时随地观看的便利性。

社交媒体平台成为用户交流、分享和获取信息的重要渠道。用户可以通过社交媒体发布状态更新、分享照片和视频，与朋友、家人和全球范围内的其他用户进行实时互动。此外，社交媒体也为用户提供了获取新闻、时事讨论、兴趣爱好等信息的平台，用户可以通过关注和参与话题的方式扩展自己的社交圈和知识面。

此外，信息技术的发展推动了游戏和虚拟现实技术的创新。游戏产业不断发展壮大，通过互联网和移动设备，用户可以随时随地享受各类游戏的娱乐体验。虚拟现实技术让用户沉浸到虚拟世界中，提供身临其境的游戏和娱乐体验。此外，虚拟现实技术还在电影、演出和其他娱乐领域得到应用，为用户带来全新的感官体验。

以上这些信息技术与媒体和娱乐行业的融合应用推动了内容创作、传播和消费模式的变革。创作者和娱乐公司可以通过数字渠道将内容推向全球，与观众和粉丝进行更加直接和互动的交流。同时，用户也获得了更多选择、个性化的娱乐体验，并能够以更低的成本和更大的便利性享受各种娱乐内容。

（七）城市管理和智慧城市

信息技术在城市管理和智慧城市建设中扮演着越来越重要的角色，为城市的运行、发展和居民的生活带来了许多创新和改进。

通过信息技术的应用，城市可以实现智能交通管理，提高交通效率和安全性。例如，交通信号灯可以根据实时交通流量进行智能调控，减少拥堵情况。智能交通系统还可以通过实时数据收集和分析，为交通管理部门提供决策支持，优化道路规划和交通运输服务。

信息技术还可以帮助城市实现智能能源管理，提高能源利用效率和实现可持续发展。智能电网系统可以监测和管理电力供应和需求，优化能源分配和调度。智能建筑和智能家居系统可以实现能源的智能控制和管理，通过自动化和智能化的方式实现能源的节约和环保。

通过传感器、数据采集和分析技术，城市可以实现对环境状况的实时监测和评估。例如，空气质量监测系统可以收集和分析城市不同区域的空气质量数据，为环境管理部门提供决策依据。智能垃圾管理系统可以实现垃圾桶的智能监测和垃圾收集的优化，保证城市的清洁和环境卫生。另外，信息技术可以支持城市规划和建设的智能化。通过地理信息系统和数据分析技术，城市规划部门可以收集和分析大量的城市数据，包括人口分布、交通流量、资源利用等信息，为城市规划提供科学的依据。智慧城市规划还包括智能建筑设计和智慧交通规划，以促进城市的可持续发展和提高居民的生活质量。

这些信息技术与城市管理和智慧城市建设的融合应用，使城市能够更加高效、智能地运行，提高资源利用效率和居民生活质量。同时，智慧城市的建设也面临着挑战，如数据隐私和安全性、信息不对称等问题需要得到妥善解决。随着技术的不断进步和创新，信息技术在城市管理和智慧城市建设中的应用将持续发展，为我们创造更加智能、可持续的城市环境。

（八）农业和食品安全

信息技术在农业和食品安全领域的应用正在改变传统的农业模式，提高生产效率和农产品质量的同时也加强了食品安全监管和溯源能力。

信息技术为农业生产提供了智能化和精准化的解决方案。例如，传感器和监测设备可以实时监测土壤湿度、温度、光照等环境参数，帮助农民做出科学决策，调整灌溉和施肥的方式。无人机和卫星图像可以进行农田监测，及时发现病虫害情况，并精确施药。这些技术的应用可以提高农作物产量、减少资源浪费，推动农业可持续发展。通过信息技术，建立农产品追溯和溯源体系，可以实现对农产品从生产到消费的全程监控和管理。每个农产品都可以被追溯到具体的农田、种植和养殖过程，包括使用的农药、肥料、养殖环境等信息。这样的系统可以提高食品安全监管的能力，减少食品安全事件的发生，并为消费者提供可靠的食品选择依据。

信息技术在农业机械领域还实现了农业机械的智能化和自动化。例如，智能化的农业机械可以通过传感器和无线通信技术，实现对土壤质量、农作物生长状态的实时监测和反馈。农民可以通过手机应用程序远程控制农业机械的操作，提高农业生产效率和精度。

总之，信息技术在农业和食品安全领域的应用为农业生产带来了许多创新和机会。通过智能化、精准化、追溯体系和数据分析等技术的应用，农业从业者可以提高生产效率、优化资源利用、改善食品安全监管，为人们提供更加安全、健康的农产品。

第二节　信息技术的技术意义与社会意义

一、信息技术的技术意义

信息技术的技术意义深远而重要。它提高了效率、推动了创新、拓展了边界、优化了决策、提升了安全性。信息技术改变了我们的生活和工作方式，无论是在经济、教育、医疗、媒体还是其他领域，信息技术的应用都为我们带来了巨大的便利和机遇。信息技术的技术意义如图6–2所示。

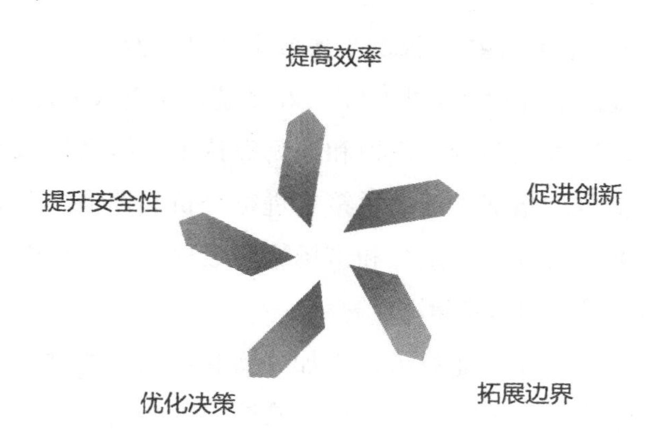

图 6-2 信息技术的技术意义

（一）提高效率

信息技术的技术意义之一是提高效率。通过自动化、数字化和智能化的手段，信息技术大大提高了工作和业务的效率，从而为各行各业带来了许多好处。具体如下。

信息技术可以实现许多工作流程的自动化，减少了人工操作和重复性劳动。例如，在制造业中，通过自动化生产线和机器人技术，生产过程可以更加高效、准确地进行，大大提高了生产效率。在办公环境中，自动化的文件管理和流程审批系统可以简化办公流程，节省时间和精力。

信息技术使得大规模数据的处理和分析成为可能。通过强大的计算能力和数据处理算法，信息技术可以快速地对大量数据进行处理和分析，提取有价值的信息和洞察方向。这对于决策制定和业务优化非常重要。例如，金融领域利用高频交易和大数据分析技术可以实现快速而准确的交易决策，提高交易效率。

信息技术为人们提供了更加便捷和高效的信息共享和协同工作方式。通过互联网和电子邮件等通信工具，人们可以迅速传递和共享信息，减少沟通和协调的时间。协同办公软件和项目管理工具使得团队成员可以在不同时间和地点协同工作，提高工作效率和灵活性。

信息技术提供了各种决策支持工具和系统，帮助人们做出更加准确、科学的决策。通过数据分析、模拟和预测等技术，信息技术可以提供决策所需的各种信息和指标，辅助决策者进行分析和评估。例如，在市场营销中，通过客户关系管理系统和市场调研数据，企业可以更好地了解客户需求，制定精准的营销策略。

信息技术使得工作和业务可以更加灵活和便捷。通过移动设备和云计算技术，无论是在办公室、家中还是旅途中，人们都可以随时随地访问和处理信息。这大大提高了工作的灵活性和响应速度，促进了远程办公和协作的发展。

总之，信息技术的技术意义在于提高效率。通过自动化、数字化和智能化的手段，信息技术为各行各业提供了更加高效、精确和便捷的工作方式，推动了生产力的提升和创新的发展。

（二）促进创新

信息技术在促进创新方面发挥着重要作用。信息技术使得大规模数据的收集和分析成为可能，为创新提供了数据支持和洞察。通过对海量数据的挖掘和分析，人们可以发现新的关联和趋势，从而指导创新的方向和决策。例如，在市场营销中，通过分析消费者行为数据和市场趋势，企业可以发现新的市场机会，优化产品设计和营销策略。人工智能、机器学习和自然语言处理等智能化技术为创新提供了新的可能性。通过智能算法和模型的应用，计算机可以从大量数据中学习和识别模式，自动提取特征和进行预测。这种智能化技术在医疗诊断、智能交通、智能家居等领域都有广泛应用，为创新带来了新的突破。信息技术促进了创新的协同和共享。通过互联网和云计算技术，人们可以在全球范围内进行协同工作和创新合作。不同地区和领域的人才可以通过在线平台进行交流和合作，共同解决问题和推动创新。开放的创新模式和共享经济的兴起也为更多人参与到创新中提供了机会。信息技术促进了不同领域和行业之间的融合创新。例如，人工智能和物联网的结合为智慧城市和智能交通的发展提供了新的机会；虚拟现实技术与教育、娱乐等领域的结合创造了新的学习和娱乐体验。这种跨界融合的创新促进了新的产品、服务和商业模式的出现。

此外，信息技术还建立了开放的创新平台和生态系统。通过开放的API接口和开放源代码的共享，不同的开发者和组织可以基于已有的技术和平台进行二次创新和应用开发。这种开放的创新生态系统促进了技术的快速迭代和创新的加速。

总的来说，信息技术通过数据驱动、智能化、协同共享和融合创新等方式，为创新提供了强大的支持和推动力，它改变了创新的方式和速度、拓展了创新的边界、促进了各行各业的发展和进步。

（三）拓展边界

信息技术的发展打破了时间和空间的限制，实现了全球范围内的实时链接和交流。这对创新具有重要意义，它拓展了创新的边界、促进了知识和资源的共享，为创新提供了更广阔的平台和更多的机会。

1. 跨地域合作

信息技术使得跨地域的合作变得更加便捷和高效。通过在线协作平台、视频会议和实时通信工具，人们可以轻松地跨越地域界限，进行远程合作和创新项目。团队成员可以分布在不同的地方，共同协作解决问题和推动创新。

2. 全球知识共享

互联网为全球范围内的知识共享提供了机会。通过在线论坛、社交媒体、开放教育资源等平台，人们可以自由地获取和分享知识。这促进了不同地区和领域之间的跨界交流和合作，为创新提供了更多的灵感和创意。

3. 个人创新机会

信息技术为个人提供了更多的创新机会。通过个人博客、社交媒体、开源软件等工具，个人可以分享自己的创意和作品，与他人进行交流和反馈。这使得创新不再受制于机构和组织，个人创新者可以通过互联网获得更广泛的认可和影响力。

4. 跨行业融合

信息技术的发展促进了不同行业之间的融合创新。例如，数字技术与医疗行业的结合推动了远程医疗和智能医疗的发展；物联网技术与城市规划的结合促进了智慧城市的建设。这种跨行业的融合创新打破了传统行业边界，提供了新的商业模式和服务。

5. 全球市场拓展

通过互联网和电子商务平台，企业可以将产品和服务推向全球市场。信息技术降低了市场准入门槛，使得中小企业和创业者能够更容易地拓展国际市场。这为企业创新带来了更广阔的发展空间，促进了国际的经济合作和竞争。

综上所述，信息技术的发展拓展了创新的边界，通过跨地域合作、全球知识共享、个人创新机会、跨行业融合和全球市场拓展等方面，为创新提供了更广阔的平台和机会。这使得创新能够更加多元化、开放化和高效化，推动了社会和经济的发展进步。

（四）优化决策

信息技术的发展为优化决策提供了强大的支持和工具。具体体现在以下方面。

信息技术使得获取和分析大量数据变得更加容易和高效。通过数据分析和挖掘技术，人们可以深入了解业务运营情况、市场趋势、客户需求等关键信息，从而做出更准确、有根据的决策。例如，利用大数据分析，零售商可以根据顾客购买行为和偏好进行产品定价、库存管理和营销策略调整。

信息技术的应用使得模拟和预测成为可能。通过建立模型和算法，人们可以模拟不同决策方案的结果，并预测可能的影响和风险。这有助于评估各种决策选项的潜在结果，减少决策风险。例如，在城市规划中，利用虚拟现实技术和数据模拟，决策者可以观察和评估不同城市发展方案的效果，从而制定更合理的规划和政策。

信息技术可以提供实时的监控和反馈机制，使决策者能够及时了解业务运行状况和市场动态。通过实时数据监测和仪表盘系统，决策者可以随时了解关键指标、趋势和异常情况，及时采取相应的措施。例如，在物流领域，利用物联网技术和实时定位系统，企业可以实时追踪货物的位置和状态，优化物流运作并及时调整供应链决策。

信息技术的发展使得智能决策辅助系统成为可能。这些系统利用人工智能、机器学习和专家系统等技术，通过分析和比对大量的数据和知识，为决策者提供决策建议和推荐。例如，在医疗领域，利用人工智能技术和医学知识库，辅助医生进行诊断和治疗决策，提供个性化的治疗方案。

综上所述，信息技术的发展优化了决策过程。通过数据驱动决策、模拟和预测、实时监控和反馈以及智能决策辅助系统的应用，人们能够做出更加准确、全面的决策，提高业务运行效率和管理水平。

（五）提升安全性

信息技术在安全领域的应用提升了数据和系统的安全性。具体体现在以下方面。

信息技术提供了多种加密算法和安全协议，用于保护数据的机密性。通过加密技术，敏感数据在传输和存储过程中被加密，只有授权的用户才能解密和访问数据。这种加密手段可应用于各个领域，例如金融机构保护客户的账户信息，医疗机构保护患者的病历数据，以及企业保护商业机密，等等。

信息技术使得身份验证变得更加安全和便捷。通过多因素身份验证、生物特征识别、智能卡等技术，系统可以有效确认用户身份，并为其提供相应的访问权限。这有助于防止未经授权的人员访问敏感信息和系统资源。例如，在企业内部网络中，员工需要通过身份验证才能访问机密的内部文件和数据库。

随着互联网的普及，网络安全成为一个重要的问题。信息技术提供了各种网络安全措施（如防火墙、入侵检测系统、安全审计等）用于检测和阻止网络攻击、恶意软件和未经授权的访问。这有助于保护个人隐私、企业数据和国家重要信息的安全。例如，金融机构会采用防火墙和入侵检测系统来保护客户的交易数据和账户信息。信息技术还支持安全管理和风险评估的实施。通过安全管理系统和安全策略，组织可以建立安全意识培训、安全控制措施和应急响应计划等，确保安全措施的有效执行。此外，利用信息技术进行风险评估，可以识别潜在的安全威胁和漏洞，并采取相应的防护措施。

二、信息技术的社会意义

信息技术在社会中具有深远的意义。它促进了信息的共享与传播，缩小了数字鸿沟，推动经济增长和创造就业机会，提升了生活质量，促进全球合作和交流，加强社会民主参与程度，改善教育与培训。信息技术改变了人们的生活方式和社会结构，成为推动社会进步和发展的重要力量。在信息爆炸和科技创新的时代，信息技术的社会意义将继续发挥着巨大的影响力，塑造着我们的未来社会。

（一）促进信息共享和传播

信息技术在社会中具有重要的意义，其中之一就是促进信息的共享和传播。

信息技术使得人们能够通过互联网获取全球范围的信息。无论是新闻、学术研究、商业数据还是文化艺术作品，都可以通过在线平台进行传播和共享。这种全球化的信息获取使得人们能够了解世界各地的动态和观点，拓宽了视野。

信息技术使得信息的传播速度大大加快。通过电子邮件、即时通信工具、社交媒体等，人们可以实时分享新闻、见解和想法。这样的快速信息传播有助于及时了解和回应重大事件、社会问题和紧急情况。例如，在自然灾害发生时，人们可以通过社交媒体传播求助信息和救援请求，提供帮助。

信息技术为知识的共享和传播提供了平台。在线学习平台、开放教育资源和数字图书馆等使得教育和学术资源可以自由获取和共享。这种知识的共享促进了学习的普及和全球范围内的合作。举个例子，一些知名大学和机构将他们的课程资料和讲座视频开放给公众免费使用，使得人们可以在全球范围内获得高质量的教育资源。

信息技术为不同文化的保护和传承提供了新的机会。数字化媒体和在线平台使得文化艺术作品可以被记录、保存和传播。这样，具有独特文化价值的艺术、音乐、文学等可以被更多人了解和欣赏，有助于保护和传承各个社区和民族的文化遗产。

信息技术促进了公众的参与和社会民主。社交媒体和在线论坛提供了平台，使得个人可以发表观点、参与讨论和表达对社会问题的关注。这种公众参与有助于推动社会变革、倡导民主价值观，并促使政府和机构更加透明和负责。

综上所述，信息技术的发展促进了信息的共享和传播，使得人们能够快速获取全球范围的信息，分享知识和观点，保护和传承文化遗产，参与社会事务，促进社会进步和民主发展。

（二）缩小数字鸿沟

信息技术的发展有助于缩小数字鸿沟，使更多人能够获得和利用信息技术带来的机会。通过智能手机、便携式设备和互联网接入的普及，人们可以获得教育、就业、医疗和金融等方面的服务和机会，减少了信息和资源的不平等。

信息技术为教育提供了新的途径和工具，使得学习资源可以在线上获取。在线学习平台、远程教育和开放教育资源可以帮助那些地理位置偏远、资源匮乏或经济困难的人们获得高质量的教育机会。通过在线课程、教学视频和虚拟教室，学生可以通过互联网获得全球范围内的教育资源，提升知识和技能水平。

信息技术的发展创造了更多的就业机会，并为人们提供了灵活的工作方式。例如，远程办公和在线平台为人们提供了在家工作的机会，减了地理和时间限制。同时，互联网和社交媒体也为创业者提供了平台，使得创业门槛降低，让更多人有机会开展自己的业务。

信息技术在医疗领域的应用使得医疗服务更加普及和可及。远程医疗和在线诊疗通过视频通话和远程监测技术，使人们可以获得医生的远程咨询和诊断，特别是在偏远地区或医疗资源匮乏的地方。此外，移动健康应用程序和可穿戴设备可以帮助人们实时监测健康状况，提供健康管理和预防措施。

信息技术在金融领域的应用有助于提高金融服务的包容性，让更多人能够获得金融服务。移动支付和电子银行系统使得人们可以通过智能手机进行支付和转账，方便快捷。此外，基于区块链技术的数字货币和智能合约为那些无法接触到传统金融体系的人们提供了金融服务的新途径。

信息技术促进了社会参与的平等化，使得更多人能够表达自己的声音，参与社会事务和公共讨论。社交媒体平台成为人们交流、分享观点和组织活动的重要渠道，无论地理位置和社会身份如何，人们都能够发表意见、参与讨论并探讨社会议题。

总之，信息技术的发展为缩小数字鸿沟提供了独特的机会，使更多人能够获得和利用信息和科技带来的机遇。这不仅促进了社会的公平性和包容性，还提升了人们的生活质量和社会参与度。然而，仍需努力确保信息技术的普及和可及性，特别是在发展中国家和边缘地区，以实现数字包容的目标。

（三）促进经济增长和创造就业机会

信息技术的广泛应用给经济领域带来了巨大的影响，促进了经济的增长和创造了大量的就业机会。

信息技术的快速发展推动了各行各业的数字化转型和创新。传统产业通过引入信息技术，优化业务流程、提高效率和降低成本。例如，零售行业通过电子商务和移动支付实现了线上线下融合，为消费者提供更便捷的购物体验。金融行业通过云计算和区块链技术改进了支付和结算系统，提高了金融服务的效率和安全性。这些数字化转型不仅为企业带来了竞争优势，也为经济增长提供了新动力。

信息技术的发展催生了一系列新兴产业，如云计算、人工智能、物联网和大数据分析等。这些产业创造了大量的就业机会，吸引了人才和投资。例如，云计算和人工智能产业涌现了一批新的科技企业，并在全球范围内带动了就业和创新。同时，这些新兴产业也带来了新的商业模式和服务，改变了传统行业的运作方式，促进了经济的发展。

信息技术为创业者提供了更多的机会和资源。通过互联网和数字平台，创业者可以低成本地创建自己的企业，并将产品和服务推向全球市场。例如，共享经济模式的兴起为个人和小型企业提供了分享资源和服务的平台，创造了大量的就业机会。同时，信息技术的发展也为创新提供了更多的工具和技术支持。人工智能、大数据分析和虚拟现实等技术的应用激发了创新思维，推动了新产品和服务的涌现。

信息技术的发展打破了地理和时间的限制，促进了跨国合作和全球市场的拓展。通过互联网和在线通信工具，企业可以与全球供应商、合作伙伴和客户进行实时沟通和合作。这促进了跨国公司的运营和扩张，加速了国际贸易和经济的互联互通。例如，电子商务平台的兴起使得企业可以直接面向全球市场销售产品，拓展了商业的边界，并创造了新的商机。

综上所述，信息技术的广泛应用促进了经济的增长和创造了大量的就业机会。通过数字化转型、新兴产业的崛起、创业创新的推动以及跨国合作和全球市场的拓展，信息技术推动了经济的转型和发展，并为个体和企业提供了更多的机会和可能性。

（四）促进全球合作和交流

信息技术打破了地理和文化的障碍，促进了全球范围内的合作和交流。人们可以通过视频会议、在线协作工具等远程技术进行跨国界的合作，促进了全球化的商务、教育和科研合作。

信息技术的发展使得跨国企业可以更加便捷地进行合作和沟通。通过视频会议、实时协作工具和云平台，企业可以跨越时区和地域限制，进行高效的合作。例如，一个跨国公司可以通过远程会议系统召开全球范围的会议，与不同地区的团队共享信息和资源，加强协同合作。

信息技术促进了跨文化交流和教育合作的便利性和广泛性。通过互联网和在线教育平台，学生和教师可以突破地域限制，参与全球范围的教育项目和国际交流。例如，远程教育平台可以提供多语种的在线课程，让学生与来自不同国家和文化背景的同学一起学习和交流，增进了跨文化的理解和合作。

信息技术为科学家和研究人员提供了更广泛的合作机会。通过在线科研平台和共享数据集，科学家可以跨越国界合作开展研究项目，加快科学进展。例如，天文学领域的国际合作项目，科学家可以通过共享天文数据、使用远程观测设备等方式进行合作，共同解决科学难题。

信息技术的发展推动了全球化商务和跨境电子商务的繁荣。通过互联网和电子商务平台，企业可以直接面向全球市场销售产品和服务，促进了国际贸易和经济合作。例如，一个小型企业可以通过在线市场平台将产品出口到其他国家，与国外买家直接沟通和交易，打破了传统贸易的限制，拓展了国际业务。

信息技术在全球危机响应和知识共享方面发挥着关键作用。通过网络和社交媒体平台，人们可以迅速获取和分享关于自然灾害、疫情暴发等紧急事件的信息。这有助于各国政府、组织和个人更好地应对危机、协同合作，共同解决全球性的挑战。

总体而言，信息技术的快速发展和广泛应用推动了全球范围内的合作和交流。无论是企业合作、教育交流、科学研究还是跨境电子商务，信息技术都为人们提供了更多的机会和渠道，促进了全球化的合作和共同发展。

（五）加强社会参与和民主决策

信息技术为公众参与和民主决策提供了平台和渠道。社交媒体和在线论坛使得公众可以表达观点、分享信息和参与社会议题的讨论，增加了社会参与的机会和渠道。

信息技术提供了在线平台，让公众可以更便捷地参与社会议题的讨论和决策过程。社交媒体、在线论坛和公民参与平台等工具，使得公众可以表达观点、提出建议、参与民意调查等，对政策和决策产生影响。例如，一些政府机构或非政府组织通过在线平台征求公众意见，以便更广泛地了解社会民意，从而制定更具代表性和民主性的政策。

信息技术促进了政务运作的公开透明。政府部门可以通过在线平台发布政策文件、公开政府数据和财务信息，让公众更好地了解政府的运作和决策过程。这种公开透明的机制有助于监督政府行为，增强了民主制度的可信度和公众参与的积极性。例如，一些国家的政府网站提供了在线查询工具，让公众可以查阅政府的预算、支出和决策记录，促进了政府与公众之间的互动，加强了公众对政府的监督。

信息技术的应用促进了选举和民主程序的数字化。在线选民注册、电子投票和数字化计票系统等工具，提高了选举的效率和透明度。这些技术有助于防止选举舞弊、提高选举结果的准确性，并使更多的公民能够方便地参与选举过程。例如，一些国家采用了电子投票系统，使选民能够通过互联网或电子设备参与选举，提高了选举的便利性和可靠性。

信息技术促进了社会议题的广泛讨论和宣传。社交媒体平台成了公众表达观点、分享信息和争取支持的重要渠道。人们可以通过微博等社交媒体平台传播自己的观点和信息，引发广泛的讨论和关注。这种信息传播的方式使得更多的人可以参与到社会议题的讨论中，并推动社会变革和政策改进。例如，社交媒体在一些重大社会事件和抗议活动中起到了重要的组织和传播作用，让更多的人了解和关注这些议题。

信息技术的发展为公众参与和民主决策提供了更多的机会和渠道。然而，也需要注意信息技术在社会参与中的一些挑战，如信息真实性的验证、信息过载和网络安全等问题。因此，在信息技术的应用中，需要平衡信息的开放性和可信度，建立健全的制度和机制来保障公众参与的公正性和效果。

第三节　信息技术对于产品创新设计的意义及其实践

一、信息技术对于产品创新设计的意义

信息技术对于产品创新设计具有深远的意义。它赋予设计师更多的工具和技术，实现个性化定制、加快设计周期、增强交互体验、强化智能化与链接性。数据驱动的设计决策和协同设计与远程合作也得到了提升。信息技术推动了产品创新的边界，为创造更具竞争力的产品和提升

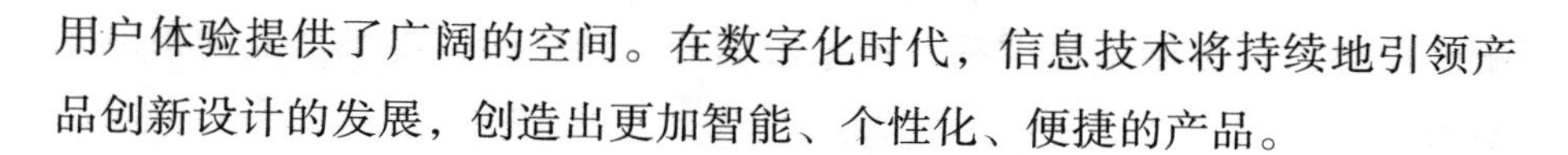
用户体验提供了广阔的空间。在数字化时代，信息技术将持续地引领产品创新设计的发展，创造出更加智能、个性化、便捷的产品。

（一）实现个性化和定制化

信息技术使得产品设计可以更加个性化和定制化。通过数据分析和用户反馈，设计师可以了解用户需求和偏好，基于个体差异进行定制化设计，满足用户的特定需求，提升产品的使用体验。

（二）加快设计周期

信息技术使得产品设计过程更加高效。计算机辅助设计和虚拟现实技术能够快速创建和修改产品原型，减少了实体样品的制作时间和成本。同时，数字化的设计过程使得设计师可以更快地进行迭代和优化，加快了产品上市的速度。

（三）增强交互体验

信息技术提供了丰富的交互方式和技术手段，丰富了产品的交互体验。触摸屏、手势识别、语音控制等技术使得用户与产品之间的交互更加直观和自然，提升了产品的易用性和用户满意度。

（四）强化智能化和链接性

信息技术推动了产品智能化和互联化。传感器、物联网和人工智能等技术嵌入产品中，使得产品能够感知环境、自动调节和与其他设备进行链接和交互。这为产品创新带来了新的可能性，使得产品具备更多的功能和智能化的能力。

（五）提供数据驱动的设计决策

信息技术收集和分析大量的数据，为产品设计提供了有力的支持和指导。通过数据分析，设计师可以了解产品的使用情况、用户行为和市场趋势，从而做出更准确、基于数据的设计决策，提升产品的市场竞争力。

（六）促进协同设计与远程合作

信息技术使得设计团队可以进行协同设计和远程合作。云计算和协同工具使得设计师可以在不同地点进行实时的设计协作，提高团队的效率和创造力。这为跨地域、跨文化的团队合作提供了便利，促进了全球范围内的设计创新。

二、信息技术应用于产品创新设计的方式方法

信息技术在产品创新设计中的具体实践应用广泛而多样。通过多种方式，信息技术为设计师提供了丰富的工具和方法，促进了产品创新的发展。这些实践应用能够全方位、多角度优化产品设计。在信息技术的推动下，产品创新设计正不断演进，创造出更具创意和竞争力的产品。

（一）可穿戴技术与智能设备

信息技术在产品创新设计中的应用方式和方法非常丰富，其中一种重要的方式是可穿戴技术与智能设备的应用。设计师可以将传感器和智能设备融入产品，实现更智能、便捷的用户体验。

可穿戴技术是将计算和通信功能集成到可穿戴设备中，如智能手表、智能眼镜、智能手环等。设计师可以通过创新的设计思路和技术应用，将这些设备与用户的身体接触更加贴合和舒适，提供更智能、便捷的用户体验。例如，智能手表可以实现心率监测、运动跟踪、支付功能等，帮助用户更好地管理健康和生活。

信息技术的发展还使得传感器技术越来越小型化、高精度化和低成本化。设计师可以将各种传感器融入产品，实现更智能化和个性化的功能。例如，智能家居产品可以通过温度传感器、光纤传感器、声音传感

器等实现智能调节室内环境；智能健身设备可以通过加速度传感器、陀螺仪等监测运动数据，提供个性化的健身指导。

信息技术的数据分析能力为产品创新设计提供了更深入的洞察和用户反馈。设计师可以收集用户使用产品的数据，并通过数据分析工具进行挖掘和分析，了解用户行为、需求和偏好，从而优化产品设计和功能。例如，智能音箱可以通过语音识别和自然语言处理技术，了解用户的语音指令和喜好，提供个性化的音乐推荐和智能助手服务。

信息技术的发展为产品的用户界面和交互设计提供了更多的可能性。设计师可以通过虚拟现实、增强现实、手势识别等技术，实现更直观、自然的用户界面和交互方式。例如，虚拟现实可以提供沉浸式的用户体验，让用户与虚拟世界进行互动；手势识别技术可以使用户通过手势控制设备，实现更便捷的操作。信息技术的发展还使得用户参与产品设计和定制化成为可能。通过在线平台、云服务和3D打印等技术，用户可以参与产品设计的过程，提出个性化需求并获得定制化的产品。例如，一些3D打印企业提供了在线平台，让用户可以自行设计并定制3D打印的产品，实现个性化的创作和消费体验。

综上所述，可穿戴技术与智能设备的应用是信息技术在产品创新设计中的一种重要方式。通过将传感器和智能设备融入产品，利用数据分析和用户反馈，优化用户界面和交互设计，并促进用户参与和定制化设计，设计师可以实现更智能、便捷、个性化的产品体验设计。这些创新设计不仅满足了用户的需求，也推动了产品的市场竞争力和商业发展。

（二）数据可视化与信息呈现

通过信息技术的数据可视化工具和技术，设计师可以将复杂的数据和信息以直观的方式展示给用户，提供更清晰、易懂的产品信息。

随着数据的不断增长和复杂化，将数据转化为可视化的形式可以帮助用户更好地理解和分析数据。设计师可以利用信息技术提供的数据和可视化工具和技术，将抽象的数据转化为图表、图形、热力图等可视化元素，以直观的方式展示数据的趋势、关联和模式。这样可以帮助用户更快速地获取信息、发现问题和做出决策。

信息技术提供了多种方式来呈现产品相关的信息，设计师可以根据产品的特点和用户的需求选择合适的呈现方式。例如，使用图表和图形展示产品的性能参数和技术指标，使用动画和交互效果展示产品的功能和操作流程，使用图片和视频展示产品的外观和使用场景，等等。通过多样化的信息呈现方式，设计师可以更好地传达产品的特点、优势和实用价值。

数据可视化和信息呈现不仅可以帮助用户更好地理解和分析产品信息，还可以改善用户体验。通过精心设计的数据可视化图表和界面布局，设计师可以减少用户的认知负荷，提高信息的可理解性和可记忆性。同时，通过动态效果、交互元素和个性化设置等，设计师可以提升用户与产品之间的互动和参与感，提供更有趣、吸引人的使用体验。

信息技术的发展使得产品能够实时监测和收集数据，并通过数据可视化方式实时展示给用户。例如，智能健身设备可以通过传感器监测用户的运动数据，并将实时数据以图表或进度条等形式展示给用户，帮助用户了解自己的运动状态和进展情况。这种实时数据监测和反馈不仅提供了及时的反馈和激励，还增强了用户对产品的信任和依赖。

综上所述，数据可视化与信息呈现是信息技术应用于产品创新设计的重要方式之一。通过将复杂的数据转化为直观的可视化形式，设计师可以提供更清晰、易懂的产品信息。这不仅帮助用户更好地理解和分析数据，也改善了用户的体验和参与感。通过选择合适的信息呈现方式，并结合实时数据监测与反馈，设计师可以创造出更具吸引力、实用性和互动性的产品。

（三）虚拟现实与增强现实

虚拟现实和增强现实技术在信息技术应用与产品创新设计中扮演着重要角色。它们可以为用户提供沉浸式的体验，让用户与产品进行互动，并帮助设计师更好地展示产品功能和设计理念。

虚拟现实技术通过头戴式显示器、手柄、传感器等设备，创造出一个虚拟的环境，让用户感觉仿佛身临其境。在产品设计中，虚拟现实技术可以用于产品模型的展示和演示，让用户可以在虚拟环境中直接与产品进行互动。设计师可以利用虚拟现实技术展示产品的外观、功能和操作方式，让用户更好地了解和体验产品。例如，在汽车设计中，用户可以通过虚拟现实技术亲身感受驾驶汽车的体验，了解各种功能和驾驶模式的效果，提前感受到驾驶的乐趣和安全性。

增强现实技术将虚拟的数字内容叠加到真实世界中，通过手机、平板电脑或AR眼镜等设备呈现给用户。在产品设计中，增强现实技术可以用于产品演示、功能展示和交互体验。设计师可以通过增强现实技术在用户的真实环境中展示虚拟的产品模型、效果图或操作指引，使用户可以直观地感知产品的外观、尺寸和功能。例如，在家居设计中，用户可以使用AR应用程序在自己的家中实时查看家具的放置效果、颜色搭配和空间利用，帮助他们做出更好的决策。

虚拟现实和增强现实技术的应用不仅使产品展示更加生动和真实，还可以为用户提供交互和参与的机会。用户可以通过虚拟现实设备或增强现实应用与产品进行互动，改变产品的外观、触感或功能，并实时观察到变化的效果。这种沉浸式的体验可以提高用户对产品的参与感和投入度，帮助设计师更好地收集用户反馈和需求，从而改进产品设计和功能。

总而言之，虚拟现实和增强现实技术为产品创新设计提供了强大的工具和平台。它们能够以沉浸式的方式让用户体验产品，帮助设计师更好地展示产品功能和设计理念。虚拟现实和增强现实技术的应用为产品设计带来了新的可能性，促进了创新和用户参与，提升了产品的吸引力和竞争力。

（四）人工智能与机器学习

人工智能和机器学习（Machine Learning，ML）是信息技术领域中重要的技术，对产品创新设计具有广泛应用。它们通过分析大量的数据和学习模式，可以帮助设计师进行自动化的设计优化和预测分析，从而提高产品的性能和效率。

第一，人工智能和机器学习可以通过分析产品的性能数据和用户反馈，自动调整设计参数以实现最佳的性能和效果。设计师可以利用机器学习算法对大量的设计方案进行评估和比较，找到最优解决方案。例如，在飞机设计中，人工智能可以帮助优化机翼的形状和材料，以提高飞行性能和燃油效率。

第二，人工智能和机器学习可以通过对历史数据的分析和学习，预测产品在不同条件下的性能和行为。设计师可以利用这些预测结果来优化产品设计和预测产品在实际使用中的表现。例如，在汽车设计中，人工智能可以分析驾驶行为和路况数据，预测车辆的燃油消耗和碰撞风险，从而帮助设计更节能和安全的汽车。

第三，人工智能和机器学习可以作为设计师的智能辅助工具，提供设计建议和创意灵感。通过学习大量的设计数据和规律，人工智能可以生成新的设计概念、形状和材料，为设计师提供更多可能性和创新思路。例如，在建筑设计中，人工智能可以分析历史建筑数据和设计原则，为设计师提供风格独特的建筑方案。

总之，人工智能和机器学习的应用为设计师提供了更强大的工具和技术，可以加速产品设计过程，提高设计效率和创新能力。通过自动化的设计优化和预测分析，设计师可以更好地满足用户需求，提供更优质的产品。然而，人工智能和机器学习的应用也需要考虑数据隐私和伦理等问题，设计师需要在合理的范围内应用这些技术，确保产品的安全和可靠性。

（五）智能传感与自动化控制

智能传感与自动化控制是信息技术在产品创新设计中的重要应用领域。通过智能传感器和自动化控制系统，产品可以实现自动感知和响应用户需求，提供更智能、便捷的使用体验。

第一，智能传感器可以感知环境中的各种参数和状态，例如温度、湿度、光线、压力等。这些传感器可以与产品集成，实时监测和获取环境数据，从而使产品能够智能地感知用户需求和环境变化。例如，智能家居产品可以通过温度传感器感知室内温度，自动调节空调的温度和风速，提供舒适的居住环境。

第二，自动化控制系统利用信息技术和智能算法，对产品进行自动化控制和调节。通过收集和分析传感器获取的数据，自动化控制系统可以根据用户设定的规则和条件，自动调整产品的参数和行为，以满足用户的需求。例如，智能灯具可以根据环境光线的变化自动调节亮度和色温，提供适合不同场景的照明效果。

第三，智能传感与自动化控制技术可以使产品与用户的交互更加智能化和便捷。产品可以根据用户的习惯和行为进行学习和适应，提供个性化的用户体验。例如，智能音箱可以通过语音识别技术与用户进行交互，根据用户的喜好和需求播放音乐、回答问题等。

第四，智能传感与自动化控制技术还可以帮助产品实现节能与环保的目标。通过精确的传感器监测和自动化控制，产品可以根据实际需求调整能量消耗和资源利用，提高能源利用效率，降低对环境的影响。例如，智能家电可以根据用户的离开时间自动进入省电模式，减少待机功耗。

综上所述，智能传感与自动化控制技术的应用使得产品具备了更强的智能化和自主化能力，可以自动感知用户需求并做出相应的响应。这不仅提高了产品的便捷性和智能性，还提升了用户的使用体验。同时，智能传感与自动化控制技术也有助于实现节能与环保的目标，为可持续发展做出贡献。然而，在应用智能传感与自动化控制技术时，需要关注数据隐私和安全性等问题，确保用户的信息和权益得到充分保护。

（六）云计算与大数据分析

通过云计算和大数据分析，设计师可以获取海量的数据并进行分析，以识别趋势、挖掘用户需求，并据此进行产品设计和改进。

云计算基于互联网技术，通过网络链接远程的服务器和存储设备，为用户提供数据处理、存储和计算服务。设计师可以借助云计算平台，将产品的数据上传至云端进行集中存储和处理。云计算提供了弹性和可扩展的计算资源，使得设计师能够处理大规模的数据集并进行复杂的计算和分析。大数据分析是指对大规模数据集进行挖掘、分析和解释，以发现隐藏在数据中的模式、趋势和关联。设计师可以利用大数据分析技术，从海量的数据中提取有价值的信息，了解用户行为、偏好和需求。通过分析用户数据，设计师可以获取对产品设计和改进有指导意义的见解，以提供更好的用户体验。

云计算和大数据分析使设计师能够更好地识别市场趋势和用户需求。通过分析大数据集中的数据，设计师可以发现产品在市场中的表现和趋势，了解竞争对手的策略和用户反馈。这有助于设计师在产品设计过程中做出更明智的决策，满足用户的需求，并提前应对市场变化。同时，云计算和大数据分析为设计师提供了实现个性化和定制化的机会。通过分析用户的行为和偏好数据，设计师可以了解不同用户群体的需求差异，从而为其提供个性化的产品体验和定制化的解决方案。例如，电子商务平台可以根据用户的购买历史和偏好推荐相关产品，提高用户的购物满意度。

需要注意的是，云计算和大数据分析应用也面临着数据安全和隐私

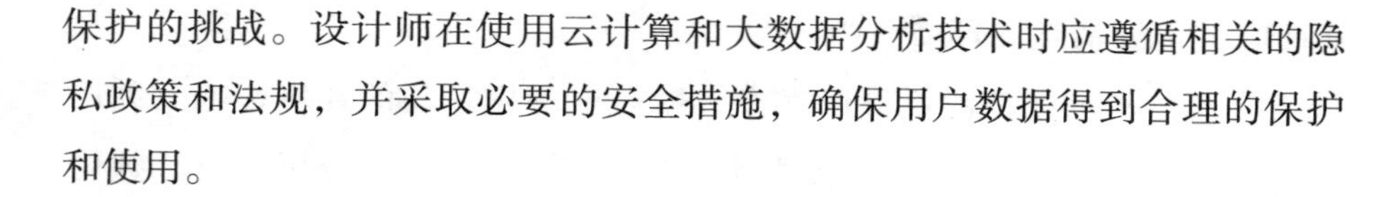
保护的挑战。设计师在使用云计算和大数据分析技术时应遵循相关的隐私政策和法规，并采取必要的安全措施，确保用户数据得到合理的保护和使用。

（七）用户界面优化与可用性测试

用户界面优化和可用性测试是信息技术在产品创新设计中的重要环节。通过信息技术的支持，设计师能够进行用户界面的优化和测试，以提供更好的用户体验和增强产品的可用性。

用户界面是用户与产品进行交互和操作的界面，它直接影响用户对产品的使用体验。信息技术提供了丰富的工具和技术，设计师可以利用这些工具进行用户界面的优化。例如，通过数据分析和用户反馈，设计师可以了解用户对界面的偏好和痛点，进而调整界面的布局、颜色、字体等元素，以提升用户的满意度和便捷性。可用性测试是评估产品在使用过程中的易用性和用户满意度的过程。信息技术提供了多种可用性测试工具和方法，使得设计师能够系统地评估产品的可用性。设计师可以利用用户行为分析、眼动追踪技术、用户反馈调查等方式来收集用户在使用过程中的数据和意见。通过分析这些数据和意见，设计师可以了解用户在产品使用中遇到的问题和困难，并据此进行改进和优化。

综上所述，信息技术在产品创新设计中的应用，通过用户界面优化和可用性测试，提供了更好的用户体验和产品可用性。设计师可以借助信息技术的支持，进行数据驱动的设计决策，优化产品的界面设计和交互体验，从而满足用户需求并提升产品的市场竞争力。

（八）可持续设计与环境影响评估

信息技术在产品创新设计中的应用，尤其在可持续设计与环境影响评估方面，为产品生命周期管理（PLM）提供了全新的可能性。这些技术能够对产品从设计、生产、使用到废弃的全生命周期进行管理和优化，从而降低资源消耗和环境负担。

信息技术可以帮助设计师在设计阶段就考虑产品的环境影响。利用环境影响评估工具（例如生命周期评估工具）进行早期分析，设计师可以了解不同设计决策对环境的潜在影响，并据此调整设计。这些工具使用数据驱动方法来预测设计决策可能产生的环境影响，包括碳排放、水和能源使用以及废物生成等。信息技术还可以在生产阶段辅助实现可持续生产。通过利用工业物联网（IoT）技术，可以监测和优化生产过程中的能源和材料使用。例如，通过实时数据收集和分析，可以对生产过程进行精细调整，从而减少能源消耗和废物生成。

接下来，在产品使用阶段，信息技术也可以对产品的使用效率和持久性进行优化。通过嵌入式传感器和物联网设备收集用户使用产品的数据，设计师可以了解产品在实际使用中的性能，并据此进行产品改进。这不仅可以提高产品的使用效率，还可以延长产品的使用寿命，从而减少资源消耗和环境影响。

在产品废弃阶段，信息技术也可以帮助实现产品的回收和再利用。通过跟踪和管理产品的使用和废弃情况，可以更加有效地实现产品的回收和再利用，从而降低环境影响。

总的来说，信息技术在产品创新设计的过程中提供了一种全新的可持续设计和环境影响评估方法。这种方法以数据驱动，实时监控和优化产品全生命周期，从而实现更高效、更环保的设计。同时，它也为产品创新设计提供了全新的视角和思考方式，使设计师能够在设计的早期阶段就考虑产品的环境影响，并据此进行优化设计，从而实现真正的可持续设计。

（九）增加智能化的用户反馈机制

信息技术的应用在产品创新设计中增加了智能化的用户反馈机制，它提供了一种新的方式来收集和理解用户数据，从而使产品更好地满足用户需求并提升用户体验。

在设计过程中，用户反馈机制是一种至关重要的工具，能够帮助设计师深入理解用户的需求和期望，进而进行相应的产品优化。传统上，用户反馈主要通过问卷调查、用户访谈、用户测试等方式进行收集，然而这些方法往往无法获取到全面的数据，也无法实时反映用户的使用情况。而信息技术的发展则打破了这种局限，通过引入智能化的用户反馈机制，为设计师提供了新的工具和方式。

具体来说，信息技术可以通过以下几种方式实现智能化的用户反馈。

首先，信息技术可以实现实时的用户数据收集。例如，通过在产品中嵌入传感器和其他数据收集设备，可以实时收集用户的使用数据。这些数据可以反映出用户的使用习惯、使用频率、使用场景等信息，为设计师提供了实时、具体的反馈信息。

其次，信息技术可以对收集的数据进行深度分析。利用数据分析工具（例如机器学习和人工智能）可以对大量用户数据进行深度挖掘和分析，从而得出有价值的结论。例如，通过用户行为模式分析，可以找出用户使用产品的主要痛点，或者发现用户最喜欢的功能，这些信息都能为产品优化提供指导。

再次，信息技术可以实现个性化的反馈收集。利用人工智能技术，可以根据每个用户的使用情况和反馈，生成个性化的调查问卷或反馈表单，以获取更具针对性的反馈信息。

最后，信息技术还可以实现反馈的实时更新和处理。通过云计算和大数据技术，可以在短时间内处理大量的反馈信息，并实时更新反馈结果，为产品优化提供及时的依据。

（十）制造过程的数字化与自动化

在产品创新设计中，制造过程的数字化和自动化是信息技术的重要方式之一。通过工业互联网、智能制造技术，以及各种先进的算法和工具，信息技术可以使产品制造过程变得更加高效、精确，进而提升生产力，降低成本，同时也能提高产品的质量和性能。

在产品制造过程中，各种数据（如生产速度、产量、废品率、能源消耗等）都可以被数字化，并通过工业互联网技术实时传输和存储。这种实时的、数字化的数据收集和管理方式，可以帮助设计师和生产经理更准确地了解生产情况，实时发现和解决问题，同时也能为生产过程的优化提供数据支持。信息技术可以通过数据分析和优化算法，帮助实现生产过程的优化。例如，通过收集并分析机器和设备的运行数据，可以预测设备的维修需求，从而实现预测性维护，减少生产中断的风险。同时，通过使用优化算法，可以优化生产线的布局和运行方式，提高生产效率和产品质量。

此外，信息技术还可以实现生产过程的自动化。通过引入智能制造系统（如机器人、自动化设备等）可以自动执行一些复杂或重复的生产任务。这种自动化生产方式，不仅可以大大提高生产效率、降低生产成本，同时也能减少人工操作错误，提高产品的质量和一致性。在这个过程中，物联网、人工智能、机器学习等前沿技术发挥了重要作用。例如，物联网技术可以通过链接各种设备和传感器，收集和传输实时的生产数据；人工智能和机器学习技术可以通过对数据的深度学习和分析，预测和优化生产过程。

总体来说，信息技术在制造过程的数字化和自动化方面发挥了重要作用。它通过工业互联网、智能制造技术等手段，实现了制造过程的实时监控、预测性维护、生产过程优化和自动化生产等功能，为产品创新设计提供了强大的支持。

第七章　信息技术融入产品创新设计的可能性与必要性

第一节　信息技术融入产品创新设计的可能性

一、信息技术具有很强的创新驱动力

信息技术的创新已经成为推动产品创新设计的重要动力。这源于信息技术的三个核心特征：数据驱动、链接性和自动化。

（一）信息技术的数据驱动特性能够更深入地理解用户需求和行为

信息技术特别是其中的数据驱动特性，已经对产品设计产生了深远影响。大数据和人工智能技术的应用，使得设计师能够更深入、更准确地理解用户需求和行为，从而推动产品的创新设计。而这种理解并不仅仅停留在表面的用户需求和行为上，而是通过对大量数据进行分析，深入用户的心理、情感和行为模式，以及这些因素如何影响他们的决策和行为。这为产品设计带来了全新的视角和理念，极大地提高了产品的质量和用户满意度。一方面，数据驱动特性使设计师能够从大量的用户数据中提取出有价值的信息和知识。这些数据可能包括用户的使用数据、反馈数据、购买数据、社交数据等，涵盖了用户的各个方面。通过对这些数据的深度分析，设计师可以发现用户的痛点和需求，了解用户的喜

好和行为模式，以及用户在使用产品过程中遇到的问题和困扰。这为设计师提供了丰富的素材和灵感，使他们能够针对这些需求和问题，在设计新产品时进行优化和改进。另一方面，人工智能技术（特别是机器学习和深度学习技术）的应用，进一步提高了数据分析的准确性和效率。通过机器学习和深度学习算法，设计师不仅可以从大量的数据中快速准确地提取出有价值的信息和知识，而且可以发现数据中的隐藏模式和规律，这对于理解用户行为和预测用户需求具有重要的价值。这种深度的理解和预测能力，使设计师能够在设计新产品时，更好地满足用户的需求，提供更优质的用户体验。

此外，数据驱动特性还能帮助设计师进行更有效的产品测试和优化。通过收集和分析产品的使用数据，设计师可以了解产品在实际使用中的表现，发现产品的优点和缺点，从而对产品进行持续的改进和优化。这种基于数据的测试和优化方式，既能提高产品测试的效率，又能保证产品优化的方向和效果。

总的来说，信息技术的数据驱动特性，为设计师提供了全新的设计工具和方法，使他们能够更深入地理解用户需求和行为，更好地满足用户的需求。

（二）信息技术的多方互联能够加速和拓宽产品的创新设计领域

信息技术的多方互联性能，无疑为产品的创新设计赋予了更广阔的视野和更强大的动力。通过互联网、物联网、云计算等现代技术，各种设备、系统、人员、数据和资源可以实时地、高效地进行信息交换和协作，使得产品设计过程更加高效、精准和灵活，从而加速和拓宽产品的创新设计领域。例如，互联网技术使得产品设计能够跳出地域和时间的限制，实现全球范围内的协同设计。设计师可以在任何地方、任何时间参与产品设计，共享设计资源，进行实时的交流和协作。这极大地提高了设计的效率和灵活性，同时也让产品设计能够吸收更广泛的视角和思想，从而推动产品创新。物联网技术使得产品设计能够实现设备间的互联互通，通过设备之间的信息交换和协作，使产品设计过程更加精准、直观和生动。例如，可以通过传感器收集设备的运行数据，通过智能设备实现远程操作和监控，使设计师能够实时地了解和控制设备的状态，从而优化产品设计。又如，云计算技术使得产品设计能够实现数据的集中管理和高效利用，大大提高了设计的效率和质量。例如，可以通过云存储和云计算，实现数据的安全存储、快速处理和远程访问，使设计师可以在任何地方、任何时间访问和利用数据。同时，云计算也使得大数据分析、人工智能等先进技术能够得以应用，为产品设计提供更强大的支持。

总的来说，信息技术的多方互联性能，为产品的创新设计提供了强大的支持，使得产品设计能够更加高效、精准和灵活，从而加速和拓宽产品的创新设计领域。

（三）信息技术的自动系统能够提高产品的创新设计效率

信息技术的自动化特性，尤其是机器学习和自动化工具，已经在很大程度上提升了产品创新设计的效率、质量和一致性。这种自动化的力量不仅仅体现在设计任务的完成速度上，还能改善设计的准确性，减少错误和冗余，增加创新性，并释放设计师们去进行更高级的创新和策略性思考。

首先，设计过程中的很多工作都是重复和规则化的，这些工作往往耗费设计师大量的时间和精力。例如，产品的初步设计、建模、模拟、测试等步骤，需要处理大量的数据和复杂的计算。通过使用自动化工具，这些步骤可以被自动执行，从而极大地提高设计效率，减轻设计师的工作负担。

其次，自动化工具不仅能提高设计的速度，也能提高设计的质量。例如，通过使用机器学习技术，可以自动优化产品的结构和性能，找出最优的设计方案。通过自动化设计工具，可以快速生成和验证设计方案，避免人为错误，保证设计的质量和一致性。这不仅可以提高产品的性能和可靠性，也可以降低产品的成本和风险。

再次，自动化技术还能够使设计过程更加灵活和智能。通过自动化技术，可以根据设计要求和环境变化，自动调整设计方案。这使得产品设计能够更好地适应市场需求和技术发展，从而提高产品的竞争力。

最后，自动化技术还能释放设计师的创造力。当设计师不再需要花费大量时间在重复和烦琐的工作上时，他们可以将更多的精力投入高级的创新和策略性思考中。这将大大提高产品的创新性和独特性，使产品能够更好地满足用户的需求和期待。

总的来说，信息技术的自动化特性已经成为提高产品创新设计效率的重要工具。未来，随着自动化和机器学习技术的进一步发展，我们有理由期待产品创新设计将更加高效、质量更高、更具创新性。

二、信息技术需要在特定的行业发挥能量

虽然信息技术本身具有巨大的潜力和能量，但它需要在特定的行业和领域中应用，才能充分发挥其价值。而产品设计领域正是信息技术展示其力量的一个重要平台。

在产品设计领域中，信息技术的应用既广泛又深入。无论是在设计阶段的概念生成、设计优化、模拟测试，还是在生产阶段的制造过程控制、质量管理，甚至在产品使用阶段的用户反馈收集、产品性能监测等环节，信息技术都发挥着至关重要的作用。例如，通过信息技术，设计师可以使用数字化的工具来生成和优化设计，可以利用仿真技术在计算机中测试产品的性能，可以利用数据分析技术理解用户的需求和反馈。这些都极大地提高了设计的效率和质量，同时也使产品能更好地满足用户的需求。

在生产阶段，信息技术可以实现生产过程的自动化和优化，可以提

高生产效率、降低生产成本，同时也可以提高产品的质量和一致性。在产品使用阶段，信息技术可以帮助收集和分析用户的使用数据，了解产品的实际性能和用户的满意度，从而为产品的进一步优化和更新提供依据。

因此，可以说，产品设计领域为信息技术提供了一个展示其能量的重要平台。而随着信息技术的不断发展和创新，它在产品设计领域的应用也将更加深入和广泛。

三、信息技术拥有很强的融合性与渗透性

信息技术的强大融合性和渗透性使其能够更加容易地与产品创新设计相结合。信息技术的融合性表现在它可以与各种领域和技术相结合，生成新的应用和价值。在产品创新设计中，这意味着可以将信息技术与设计思想、工艺流程、市场策略等多个方面相结合，从而创新产品设计的方式和结果。例如，通过结合信息技术和用户体验设计，可以创建出更加符合用户需求的产品；通过结合信息技术和制造工艺，可以实现更加高效、精准的生产过程。信息技术的渗透性表现在它可以渗透到产品创新设计的各个环节中。从设计初期的概念生成到中期的模型构建和测试，再到后期的生产制造和用户反馈，信息技术都可以发挥重要作用。这使得产品创新设计可以全程受益于信息技术，从而实现更高的设计效率和质量。

此外，信息技术还具有可扩展性和开放性。这意味着信息技术可以适应各种规模和类型的产品设计需求，可以应对各种复杂和多变的设计环境。同时，信息技术的开放性也使得各种设计资源和知识可以更加容易地共享和传播，从而加速产品创新设计的进程。因此，信息技术的融合性、渗透性、可扩展性和开放性都使其成为产品创新设计的强大工具，为产品创新设计提供了新的可能和机遇。

第二节　信息技术融入产品创新设计的必要性

一、产品创新设计容易因设计师的才思枯竭陷入创作瓶颈

设计师在创新过程中确实可能遇到才思枯竭和创作瓶颈的问题。然而，信息技术通过提供新的设计工具、丰富的设计资源以及强大的数据分析能力，可以有效地帮助设计师解决这一问题。

首先，信息技术为设计师提供了一系列新的设计工具。例如，计算机辅助设计软件可以帮助设计师快速地生成和修改设计方案，虚拟现实和增强现实技术可以帮助设计师更直观地理解和展示设计方案，而机器学习和人工智能技术可以帮助设计师自动化一些重复或复杂的设计任务。这些工具都能极大地提高设计师的工作效率，减少手动操作的负担，从而释放出设计师的创新能力。

其次，信息技术为设计师提供了丰富的设计资源。互联网使得各种设计灵感、案例、教程、论文等资源都能轻易地被找到和分享，这对于激发设计师的创新思维和提供设计参考非常有帮助。

最后，信息技术通过大数据和数据分析技术，可以帮助设计师更深入地理解用户需求和市场趋势，从而为产品创新设计提供方向。例如，通过收集和分析用户的使用数据和反馈，可以发现用户的痛点和需求，从而提出更贴合市场的设计方案。通过分析市场的发展趋势，可以预测未来的设计需求，从而提前进行产品创新设计。因此，信息技术通过提供新的设计工具、丰富的设计资源以及强大的数据分析能力，可以有效地帮助设计师解决才思枯竭和创作瓶颈的问题，从而推动产品创新设计的发展。

二、产品创新设计时常出现生产与创作能力不足的局面

产品创新设计在实践中可能遇到生产和创作能力不足的问题。利用信息技术，可以获得一系列解决方案来处理这个问题。

（一）信息技术可以提升产品创新设计的生产能力

信息技术的发展无疑为产品创新设计的生产能力提供了强大的助力。通过集成计算机辅助设计（CAD）和计算机辅助制造（CAM）的高效工具，设计者能在设计和制造阶段实现快速原型，大大提高效率，减少错误，并降低人为干预的复杂性。CAD 软件允许设计师以三维方式创建精确的模型，模拟其功能并进行必要的修改，避免了在实际制造过程中的试错。而 CAM 工具则可以直接将这些设计转化为制造指令，将设计从概念转化为现实，无须复杂的人工操作。

此外，工业 4.0 和物联网技术为整个生产过程的自动化、智能化提供了可能性。物联网通过在设备和系统之间建立链接，使生产线可以实时监控和调整，确保生产过程的流畅进行。生产设备可以通过传感器收集数据，并通过预测分析、机器学习等技术实时优化生产过程，以提高生产效率和质量。在一些情况下，系统甚至可以自我诊断和修复问题，从而大大减少停机时间和维护成本。在供应链管理方面，信息技术也发挥了重要作用。通过 RFID、GPS 等技术，企业可以实时追踪物料的状态和位置，预测并解决供应链中的问题，以确保生产的顺利进行。

综上所述，信息技术通过改进设计和制造过程，实现生产过程的自动化和智能化，利用数据驱动的决策和优化供应链管理，极大地提升了产品创新设计的生产能力。

（二）信息技术可以通过提供丰富的创新资源来增强创作能力

信息技术的持续发展不仅有助于开辟新的创新设计路径，通过提供

丰富的创新资源和工具也增强了设计师的创作能力。在这个背景下，互联网作为一个全球信息库，为设计师提供了无尽的灵感和知识资源。设计师可以通过在线搜索和社交网络，获取各种设计理念、行业趋势、用户反馈、设计案例和教程等资源，这无疑极大地丰富了设计师的知识库，扩展了其视野，激发了他们的创新思维。同时，随着云计算和大数据技术的快速发展，设计师可以更方便地获取和处理大量的数据和信息。例如，他们可以通过云计算平台，利用其强大的计算能力和海量的存储空间，对大量的用户数据、市场数据和产品数据进行分析，以洞察用户需求、挖掘市场潜力、优化产品设计，从而更准确地满足市场和用户的需求。这种数据驱动的设计方式，不仅可以提高设计的精确性和有效性，也能提高设计的创新性和个性化。而且虚拟现实和增强现实等新兴技术也为设计师提供了新的创新设计工具。设计师可以使用这些工具，创造出更为真实和生动的设计模型，让用户能够以更直观和互动的方式体验产品设计，从而提高设计的吸引力和影响力。这些工具的应用，无疑极大地提升了设计师的创新设计能力。

（三）人工智能和机器学习等先进信息技术能辅助设计师进行创新设计

随着科技的快速发展，人工智能（AI）和机器学习（ML）已经变得越来越普遍，这些先进的信息技术正在深刻地改变着我们的生活方式和工作方式，包括产品创新设计领域。AI 和 ML 通过其独特的能力（包括数据分析、模式识别、预测建模、自我学习和决策制定）为设计师提供了强大的工具和技术支持，使得创新设计过程变得更加高效、精确和创新。例如，人工智能可以帮助设计师快速、准确地分析大量的用户数据和市场数据，以揭示隐藏在数据中的关键信息和知识。例如，AI 可以通过分析用户的使用行为、购买历史、反馈意见和社交媒体活动等数据，来识别用户的需求、偏好、行为模式和痛点，从而使设计师能够更准确地理解用户的真实需求，以此为基础进行创新设计。此外，AI还可以通过分析市场数据（比如竞品分析、市场趋势、行业动态等）来发现市场的机会和挑战，为设计师提供更深入、更全面的市场洞察，以指导创新设计的方向和策略。而机器学习作为AI的一个重要分支，其自我学习和自我优化的能力，为设计师提供了一个全新的创新设计方式。机器学习算法可以通过学习大量的设计案例和数据，自动发现和提取设计的模式和规律，然后基于这些知识生成新的设计方案或优化现有的设计方案。这不仅大大提高了设计的效率和质量，也为设计师提供了新的创新思路和可能性。例如，有些AI设计工具已经能够自动生成或提供设计建议，包括色彩搭配、布局优化、字体选择等，从而帮助设计师更高效、更灵活地进行创新设计。

综上所述，人工智能和机器学习的应用，为设计师打开了新的创新设计领域，也极大地提升了设计师的创新设计能力和效率。同时，随着这些技术的不断进步和完善，我们有理由相信，未来的创新设计将更加智能化、个性化和人性化。

三、产品创新设计需要信息技术来弥补产品迭代速率的不足

在当今快速发展的市场环境中，产品迭代速率是决定企业竞争力的重要因素。信息技术在提高产品迭代速率方面有着重要作用。

（一）信息技术可以通过提高设计效率来加快产品迭代速度

信息技术通过提高设计效率来加速产品迭代的重要性不可忽视。在创新驱动的市场环境中，产品的迭代速度直接影响着企业的竞争力。信息技术，特别是计算机辅助设计工具、仿真技术、人工智能等，正在深刻改变设计流程，让产品设计变得更加高效、精准和灵活。例如，计算机辅助设计工具是提高设计效率的关键工具。它允许设计师在数字环境中创建和修改设计方案，从而大大提高了设计的速度和精度。设计师可

以通过 CAD 工具快速进行草图绘制、详细设计、方案比较、修改等操作，无须手动绘制和修改设计图。此外，CAD 工具还具备强大的三维建模和渲染功能，让设计师能够更加直观和准确地理解设计方案的形状、尺寸和样式，从而避免设计错误，提高设计质量。仿真技术是另一个提高设计效率的重要工具。通过建立产品的数学模型，设计师可以在计算机中模拟产品在各种环境和条件下的性能和行为，从而进行性能测试和验证。这种方法避免了实物测试的时间和成本消耗，可以在设计阶段就发现和解决问题，大幅缩短了产品开发周期。此外，仿真技术还可以通过优化算法，自动寻找最优的设计方案，进一步提高设计效率和质量。

近年来，人工智能技术也开始被广泛应用于产品设计过程中。人工智能可以通过学习大量的设计数据，理解和预测设计模式，自动生成设计方案。这种方法不仅可以提高设计效率，还可以提供新的设计思路和灵感，进一步加快产品的迭代速度。总的来说，信息技术已经成为提高设计效率、加速产品迭代的重要推动力。

（二）信息技术可以通过提供及时的市场和用户反馈来推动产品迭代

信息技术在提供及时的市场和用户反馈以推动产品迭代方面发挥着重要作用。随着大数据、云计算、人工智能等技术的发展，企业和设计师能够实时获得和分析大量的市场和用户数据，根据这些数据进行决策和优化，使得产品的迭代更加精准、高效和有针对性。

在传统的设计过程中，获取市场和用户反馈通常是一个耗时、低效和不准确的过程。然而，随着信息技术的发展，这一过程正在发生深刻的变化。通过网络和数字技术，企业可以实时地收集到关于市场趋势、竞争情况、用户行为、用户反馈等方面的大量数据。这些数据可以通过数据分析和挖掘技术进行处理和分析，提取出有价值的信息和知识，为产品的迭代和优化提供依据。例如，社交媒体和网络评论是获取用户反馈的重要途径。通过分析这些反馈，设计师可以了解用户对产品的满意度、使用问题、改进建议等，及时对产品进行优化和改进。此外，通过用户行为数据，设计师可以了解用户的使用习惯和需求，调整产品的设计以更好地适应用户。而且市场数据可以帮助企业了解市场的需求和趋势，以及竞争对手的动态，从而做出有针对性的设计决策。例如，通过分析市场销售数据，企业可以发现哪些产品或功能更受欢迎，应该在下一次迭代中得到更多的关注。通过分析竞争对手的产品和策略，企业可以找出自己的优势和不足，调整产品策略以提高竞争力。

总的来说，信息技术通过提供及时的市场和用户反馈，使产品的迭代过程更有数据驱动、更加精准和高效，从而提高产品的市场适应性和竞争力。

（三）信息技术可以通过实现生产过程数字化和自动化来提高生产效率

信息技术，特别是在生产过程的数字化和自动化，可以在提高生产效率、减少生产成本、改善生产质量等方面发挥重要作用。这种技术的应用已经深入制造业的每一个环节，包括设计、原材料采购、生产、质量检测、物流和服务等，使得产品从设计到生产的周期大幅缩短，从而加快产品的迭代速度。

在产品设计阶段，计算机辅助设计和计算机辅助工程等技术可以提供更精确、高效的设计解决方案。设计师可以通过这些工具快速进行方案的建模、分析和优化，大幅缩短了设计时间、提高了设计质量。

在生产阶段，工业 4.0、工业互联网和智能制造技术正在对传统的生产模式进行深刻的改变。通过这些技术，企业可以实现生产过程的数字化、网络化和智能化，提高生产效率，减少生产成本，改善生产质量。例如，通过数字化生产线和智能化设备，企业可以实时监控生产过程，精确控制生产参数，自动调整生产计划，实现更高效、精确的生产过程。

通过工业大数据和人工智能技术，企业可以对生产数据进行深度分析，预测生产问题，优化生产决策，进一步提高生产效率。

在质量检测阶段，数字化和自动化技术也起到了重要作用。例如，通过图像识别和机器视觉技术，企业可以实现产品的自动化检测，提高检测效率和准确性。通过数据分析和机器学习技术，企业可以对质量数据进行深度分析，提前发现和解决质量问题，提高产品的质量和可靠性。

综上所述，信息技术通过实现生产过程的数字化和自动化，使得产品的设计、生产和检测过程更加精确、高效和智能，从而提高生产效率、加快产品的迭代速度、提高产品的质量和竞争力。

第八章　信息技术融入产品创新设计的具体实践

第一节　信息技术融入需求分析与技术评估

一、信息技术融入需求分析

需求分析是信息技术融入产品创新设计的第一步。需求分析是指对用户需求和问题进行系统性的研究和分析，以确定产品应该具备的功能和特性。信息技术融入需求分析如图 8-1 所示。

图 8-1　信息技术融入需求分析

（一）用户研究

用户研究是产品创新设计流程的开端，它是所有设计决策的基础。在用户研究阶段，企业应该全面深入地了解和理解用户，这包括他们的需求、行为、偏好、期望以及面临的挑战等。这些信息是非常宝贵的，因为它们可以帮助企业制定更加准确的产品策略，设计更符合用户需求的产品，提供更满意的用户体验。

用户研究的重要性不言而喻。一个成功的产品或服务，是由用户的需求和期望塑造出来的。因此，企业必须在设计之初，就对用户进行深入研究，了解他们的需求、期望、行为模式、痛点等。只有这样，才能设计出真正满足用户需求、让用户满意的产品或服务。

用户研究通常包括用户访谈、用户调研、用户行为观察、用户数据分析等多种方法。每种方法都有其特点和优点，适合用于收集不同类型的用户信息。

用户访谈是一种直接与用户交流的方式，它可以获取到用户对产品的直接反馈和看法，以及用户在使用产品过程中的实际体验和感受。用户访谈可以帮助设计者更好地理解用户的需求，看到用户的痛点，从而更有针对性地改进产品设计。

用户调研则是通过问卷调查、在线调查、市场调查等方式，收集大量用户的意见和建议。用户调研可以获取大量的用户数据，帮助企业了解用户群体的整体需求和偏好，以便制定更有效的产品策略。

用户行为观察是通过对用户的实际行为进行观察，了解用户如何使用产品，以及产品在实际使用中的表现。用户行为观察可以帮助设计者更真实地了解产品的使用场景，从而更精确地优化产品设计。

用户数据分析则是通过收集和分析用户的使用数据，了解用户的使用习惯、行为模式、满意度等。用户数据分析可以提供大量的定量数据，帮助企业更准确地判断产品的性能和效果，以便更精确地优化产品设计。

每一种用户研究方法都有其独特的价值和作用，企业应该根据自己的需求和条件，灵活选择和使用。

（二）需求梳理

需求梳理是将用户研究中所获得的信息和数据转化为具体的产品需

求的关键过程。这个过程不仅需要准确理解用户的需求，还需要将这些需求组织和分类，最终形成清晰、明确的产品需求清单。这个清单是产品设计和开发的基础，也是确保产品满足用户需求的关键。

在需求梳理过程中，首先需要进行的是需求的识别。在用户研究中，企业可能收集到大量的用户数据和信息，这些信息中包含了用户的各种需求、问题和期望。企业需要通过分析和研究这些信息，识别出用户的真实需求。这可能包括用户期望产品提供什么样的功能，产品需要达到什么样的性能标准，用户希望如何与产品进行交互，等等。

需求识别后，下一步是需求的分类。用户的需求可能涉及产品的多个方面，例如功能、性能、用户界面、安全性等。这些需求需要按照其性质进行分类，以便企业能更清晰地理解每个类别的需求，并针对不同的需求进行不同的设计和开发策略。例如，对于功能需求，企业可能需要考虑产品的功能设计和开发；对于性能需求，企业可能需要考虑产品的技术选择和性能优化；对于用户界面需求，企业可能需要考虑产品的界面设计和用户体验优化；等等。

在进行需求分类后，企业还需要对每个需求进行详细的定义和描述。这需要清晰、准确地描述每个需求的具体内容，包括需求的目标、需求的标准、需求的实现方法等。这一步是非常重要的，因为只有对需求进行了清晰的定义和描述，才能保证产品设计和开发的准确性。除了对需求的识别、分类和定义，需求梳理过程中还有一个重要的步骤，那就是需求的优先级排序。因为资源总是有限的，企业需要确定哪些需求是最重要的、哪些需求是次要的。需求的优先级排序可以帮助企业有效地分配资源，优先解决最重要的需求，从而最大化产品的价值。

总的来说，需求梳理是一个复杂而重要的过程，它需要企业具有深厚的用户研究能力、数据分析能力和产品设计能力。通过需求梳理，企业可以确保产品的设计和开发能够准确地满足用户的需求。

（三）优先级排序

优先级排序是产品开发流程中的关键环节，它帮助团队决定首先应该满足哪些需求。在这个过程中，产品需求根据它们的优先级进行排序，其中优先级由多个因素决定，包括用户价值、市场需求、竞争优势以及技术可行性等。通过优先级排序，企业能有效地分配资源，集中精力解决最重要的问题，从而最大限度地实现产品价值。

用户价值是决定需求优先级的关键因素之一。用户是产品的最终使用者，满足他们的需求和提高其满意度是产品成功的关键。因此，在优先级排序中，最能满足用户需求和期待的需求往往会被赋予更高的优先级。例如，如果某个需求可以显著提高用户体验，那么它可能被认为是非常重要的需求，应该优先处理。

市场需求也是决定需求优先级的重要因素。企业不仅需要考虑用户的需求，还需要考虑市场的需求。如果某个需求可以帮助企业抓住市场机遇、提升市场竞争力，那么它可能被认为是重要的需求，应该优先满足。例如，如果某个需求与正在兴起的市场趋势相吻合，那么满足这个需求可能帮助企业在市场中取得优势。

竞争优势是另一个决定需求优先级的重要因素。如果某个需求可以提升产品的竞争优势，使产品在竞争中脱颖而出，那么它可能被认为是重要的需求，应该优先处理。例如，如果某个需求可以显著提高产品的性能，使产品在同类产品中表现出色，那么它可能被认为是重要的需求。

技术可行性是确定需求优先级的另一个关键因素。在技术资源有限的情况下，企业需要考虑哪些需求是在技术上可行的、哪些需求需要的技术投入较少。例如，如果满足某个需求需要大量的技术研发，那么即使这个需求非常重要，也可能需要将其优先级降低，以确保企业的资源能够得到有效使用。

二、信息技术融入技术评估

技术评估是信息技术融入产品创新设计的第二步。在这一步骤中，设计团队需要评估现有的技术是否能够满足产品的需求，或者是否需要进行新的技术研发或采购。信息技术融入技术评估如图 8–2 所示。

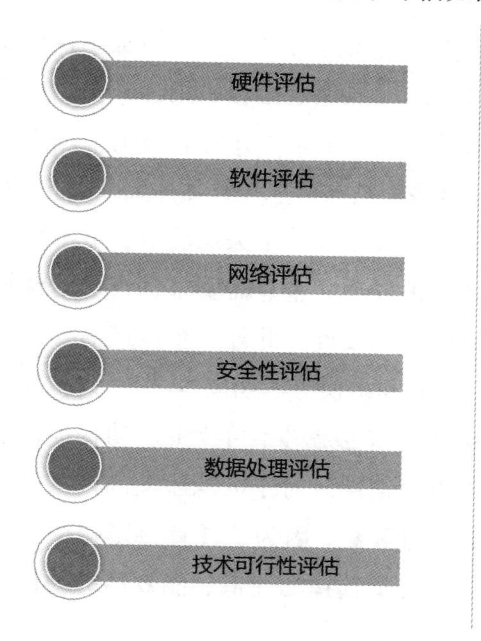

图 8–2　信息技术融入技术评估

（一）硬件评估

硬件评估是产品开发流程中至关重要的一环，涉及对产品所需的各种硬件设备和组件的选择和性能评估。这包括但不限于传感器、芯片、处理器、存储设备等关键硬件的选择，以及对这些硬件的性能、可靠性、成本、功耗和适应性等方面的评估。这个过程对确保产品的性能和质量，以及对控制产品的成本和功耗有着至关重要的作用。

首先，硬件的性能评估是一个核心的环节。产品的性能直接依赖于硬件的性能，因此企业需要对硬件的性能进行深入的评估和测试。这包括硬件的运算能力、数据处理能力、输入输出能力等关键性能指标的评估。这个过程需要使用专业的测试工具和方法，以确保评估结果的准确性和可靠性。

其次，除了性能评估，硬件的可靠性评估也非常重要。可靠性评估涉及硬件在特定条件下的性能稳定性和耐用性。例如，硬件是否能在高温、高湿、高压等极端环境下稳定工作？硬件的使用寿命有多长？硬件是否容易出现故障？这些都是在可靠性评估中需要考虑的问题。

再次，硬件的成本评估是另一个关键环节。成本评估涉及硬件的购买成本、运行成本和维护成本。企业需要根据自己的预算和产品的定价策略，选择成本效益最高的硬件。此外，企业还需要考虑硬件的生命周期成本，包括能耗、维修和更换等后期成本。

最后，硬件的功耗评估也是必不可少的。功耗评估主要关注硬件在运行和待机状态下的电力消耗。对于电池驱动的产品（如手机、笔记本电脑等），功耗评估尤为重要。因为功耗直接影响产品的续航时间，从而影响用户体验。企业需要选择功耗低、能效高的硬件，以提高产品的续航时间。

（二）软件评估

软件评估涉及评估产品所需的各种软件技术。这包括对操作系统、应用软件、算法和数据处理等方面的评估。评估过程应考虑软件的多个方面，包括稳定性、可扩展性、易用性和兼容性。

例如，软件的稳定性是指软件在运行过程中的可靠性和错误容忍性。可扩展性评估关注软件是否能适应不断增长的用户量、数据量或处理能力的需求。易用性评估则关注软件的用户界面和交互设计是否符合用户的使用习惯和预期。兼容性评估是评估软件是否能在不同的硬件、操作系统和浏览器等环境中正常运行。

（三）网络评估

网络评估涉及产品所需的网络链接和通信技术的评估。这可能包括无线网络、蓝牙、云服务等方面。网络链接的性能直接影响产品的功能和用户体验，因此在网络评估过程中需要考虑网络的带宽、安全性、稳定性和互操作性等因素。例如，带宽的考量取决于产品需要处理的数据量；安全性评估需要考虑网络链接在传输数据时的安全保护措施，例如加密和防火墙等；稳定性评估需要考察网络链接在不同环境和条件下的稳定性；互操作性评估则关注产品是否能够与其他设备或系统通过网络进行有效的交互。

（四）安全性评估

安全性评估涉及产品所需的安全技术和措施的评估。在当前的数字化时代，产品的安全性是用户最关心的问题之一，因此产品设计过程中必须重视安全性评估。

这可能涉及数据加密、身份验证、访问控制等方面的评估。在安全性评估过程中，需要考虑产品的安全性需求、合规性和抗攻击能力等因素。例如，数据加密是保护用户数据不被未经授权访问的重要技术；身份验证和访问控制可以防止非法用户访问产品系统；合规性评估则需要考察产品是否符合相关的法规和标准，例如 GDPR 等；抗攻击能力评估需要评估产品是否能够抵御各种网络攻击，如 DDoS 攻击、密码破解等。

（五）数据处理评估

在当今的数字化时代，数据是驱动产品优化和创新的关键因素。产品的设计、性能、用户体验甚至商业模式都可能受到数据的影响。因此，产品设计团队需要对产品所需的数据处理和分析技术进行全面评估，以确保数据的有效利用。

数据处理评估涉及多个环节，包括数据的收集、存储、处理和可视化。每个环节都有其特殊的需求和挑战，需要根据产品的特性和需求进行评估。

数据收集是数据处理的第一步，需要考虑数据的来源、种类、量和质量等因素。例如，产品可能需要从用户的使用行为、设备的运行状态、环境的变化等多种来源收集数据。数据的种类可能包括文字、数字、图片、音频、视频等，需要考虑如何有效收集和处理这些数据。数据的量和质量直接影响数据处理的效率和结果的准确性。

数据存储是处理大量数据的基础，需要考虑数据的存储方式、容量、成本和安全性等因素。例如，产品可能需要使用数据库、云存储、分布式存储等多种存储方式。数据的容量和成本需要考虑数据的增长速度、存储期限、访问频率等因素。数据的安全性是保护用户隐私和企业信息的关键，需要考虑加密、备份、恢复等措施。

数据处理包括数据清洗、整合、分析等步骤，需要考虑数据的准确性、实时性、复杂性等因素。例如，数据清洗需要去除重复的、错误的、不完整的数据；数据整合需要将不同来源的数据进行合并和匹配；数据分析需要使用统计方法、机器学习算法等工具从数据中提取有用的信息和洞察。

数据可视化是将数据的结果呈现给用户或决策者的方式，需要考虑数据的易理解性、美观性、互动性等因素。例如，数据可视化可以使用图表、地图、仪表盘等多种方式，需要考虑如何用最直观、最有效的方式呈现数据的结果。

在数据处理评估过程中，产品设计团队还需要充分考虑用户的隐私保护和数据的可靠性。隐私保护是遵守法律法规、尊重用户权益、建立用户信任的基础，需要在数据收集、存储和使用的过程中实施有效的隐私保护措施。数据的可靠性是确保数据的准确性、完整性和一致性的关键，需要通过数据校验、错误检测、故障恢复等方式保证数据的可靠性。

（六）技术可行性评估

技术可行性评估是技术评估整体进程的关键一步。此阶段主要是综合考虑上述的技术评估结果，评估产品所需的技术方案的实际可行性和可实施性。这包括对技术的成熟度、可用性、成本效益和风险等方面的评估。

技术的成熟度是产品设计成功的关键。我们需要考察所选技术是否已经足够成熟，是否在实际应用中得到了验证。未成熟的技术可能带来更大的风险，可能导致产品设计失败或者延误产品的上市时间。因此，对技术成熟度的评估非常重要。

技术的可用性是另一项关键的评估因素。这主要涉及技术是否可以在产品设计中实际使用，是否可以满足产品的功能需求，以及是否可以在产品的整个生命周期内保持稳定可靠的性能。此外，还需要考虑技术的可维护性和可扩展性，以确保产品能够持续优化和升级。

成本效益的评估也是非常重要的一环。对于任何产品设计，资源总是有限的，因此我们需要确保所投入的成本能够得到合理的回报。这不仅包括技术实施的直接成本，例如硬件和软件的采购成本、人力资源的投入等，也包括间接成本，例如培训成本、维护成本、升级成本等。我们需要对这些成本进行全面的评估，以确保技术方案的经济效益。

风险评估也是技术可行性评估中不可忽视的一部分。任何技术方案都可能带有一定的风险，包括技术失败的风险、安全风险、法规风险等。我们需要对这些风险进行充分的识别和评估，制定相应的风险应对策略，以确保产品设计的顺利进行。

综上所述，技术可行性评估是产品创新设计的重要步骤，需要全面地考虑技术的成熟度、可用性、成本效益和风险等多个因素。只有我们确认技术方案的可行性和可实施性，才能确保产品设计的成功和效益。

第二节　信息技术融入创意生成与原型开发

一、信息技术融入创意生成

创意生成是信息技术融入产品创新设计的第三步。设计团队要通过创意和想象力，产生新颖、独特和创新的设计概念，结合信息技术的应用，为产品带来新的功能、性能和用户体验。信息技术融入创意生成如图 8-3 所示。

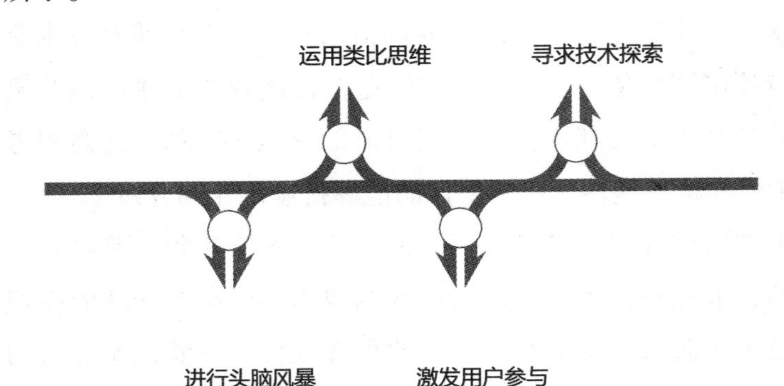

图 8-3　信息技术融入创意生成

（一）进行头脑风暴

头脑风暴是常用的一种方法，它让团队成员有机会自由发表和分享各种创意和想法，从而激发出新的思考和创新点子。

在头脑风暴过程中，要鼓励每个人都大胆发言，不受任何限制，不论想法是否现实，都可以抛出来，让其他人听到。这种开放和自由的讨论环境，能激发人们的思考，帮助他们突破思维定式，从不同的角度和层面产生全新的想法。同时，团队成员之间的交流和碰撞，可以让他们从他人的想法中得到启发，产生新的思维火花。这种互相启发的过程，可以极大地提高创意的数量和质量，提高创新的可能性。此外，头脑风暴还有一个重要的作用，那就是激发团队的凝聚力和创新精神。当每个人都参与到创新过程中，都有机会为产品设计提供自己的想法时，就会增强他们对产品的归属感和责任感，从而提高团队的整体创新能力。

然而，头脑风暴并不是无序的、混乱的。有效的头脑风暴需要一定的规则和结构，例如设定时间限制、引导话题、设定讨论规则等，以确保讨论的效率和效果。同时，还需要有人对讨论的结果进行记录和整理，以便后续的分析和筛选。

在信息技术的辅助下，头脑风暴可以进行得更加高效和有序。例如，我们可以使用在线协作工具来进行远程头脑风暴，这样不仅可以节省时间和成本，还可以克服地理限制，让更多的人参与到讨论中来。此外，通过数据分析和人工智能技术，我们还可以对头脑风暴的结果进行快速的分析和整理，提高创意生成的效率和质量。

总的来说，头脑风暴是创意生成的重要方法，通过信息技术的辅助，我们可以让头脑风暴变得更加高效和更有成效，从而推动产品创新设计的成功。

（二）运用类比思维

类比思维是一种重要的创新策略，它指的是借鉴和利用已知的观念、模式或技术，将其应用到新的环境或领域中，以此发现新的创新机会和解决方案。信息技术在此过程中，可以起到扩大视野、链接不同领域、促进创新思维的作用。

首先，信息技术能够帮助我们获取和处理大量的信息，使我们能够接触到更广阔的知识领域和技术领域。例如，通过互联网搜索和学术数据库检索，我们可以快速获取到其他行业或领域的最新研究成果和技术动态，这为我们寻找类比素材和灵感提供了广阔的资源。

其次，信息技术可以帮助我们更有效地进行类比思维。例如，通过机器学习和人工智能技术，我们可以构建知识图谱和模式库，自动发现不同领域之间的相似性和链接点，从而激发新的创新想法。此外，信息技术还可以帮助我们模拟和验证创新想法，如使用计算机模拟技术来预测和优化新设计的效果，提高创新的成功率。

在具体实践中，我们可以参考其他领域或行业的成功案例，将其核心思想或技术应用到我们的产品设计中。比如，借鉴生物界的某些现象或规律，设计出具有生物特性的产品；借鉴建筑学的空间设计原理，设计出更符合人体工程学的产品界面；借鉴艺术作品的表现手法，设计出具有独特美感的产品形象。

总的来说，结合信息技术运用类比思维，可以极大地拓宽我们的创新视野，促使我们跳出原有的思维框架，从新的角度和层面进行创新思考，从而产生出独特的创新点子，推动产品创新设计的成功。

（三）激发用户参与

在创新设计的过程中，用户参与是一种关键的策略。用户是产品的最终使用者，他们对产品的需求、喜好和使用体验有着深入的理解和独特的见解。激发用户参与，不仅可以帮助我们获得更真实、更具价值的反馈信息，还可以鼓励用户与产品形成更深层次的联系和投入感，从而提升产品的吸引力和用户满意度。

信息技术在激发用户参与的过程中发挥着重要的作用。首先，通过互联网和社交媒体等工具，我们可以更容易地接触到用户，进行有效的沟通和交流。例如，我们可以在社交媒体上发布产品设计的初步想法，邀请用户提出他们的建议和意见。我们也可以通过在线调研或问卷调查的方式，收集用户的需求和意见。其次，通过数据分析和人工智能技术，我们可以更深入地理解用户，更精确地满足他们的需求。例如，我们可以通过用户行为数据的分析，了解用户的使用习惯和喜好，从而进行更具针对性的设计。我们也可以通过人工智能技术（如机器学习和深度学习）预测用户的行为和需求，为用户提供更个性化的产品和服务。此外，还可以通过虚拟现实和增强现实等先进技术，为用户提供更丰富、更直观的参与体验。例如，我们可以通过 VR 技术，让用户在虚拟环境中试用新的产品设计，收集他们实时反馈的信息。我们也可以通过 AR 技术，将虚拟的产品设计融入用户的真实环境，让用户能够更直观地感受产品的效果。

总的来说，信息技术为我们提供了丰富的工具和手段，帮助我们更有效地激发用户参与，更深入地理解用户，从而在创意生成的过程中，进行更符合用户需求、更具吸引力的产品设计。

（四）寻求技术探索

在创新产品设计中，技术探索是至关重要的一环，因为新的技术或工具可能开启新的可能性，提供新的视角，引领出更有创意和创新力的设计。信息技术的融入进一步推动了技术探索的深入。当我们谈论技术探索，我们讨论的是研究和理解新的技术，看看它们如何可以用来提高我们的产品或服务。这可能包括软件开发工具、硬件设备、数据分析工具、人工智能算法、网络通信技术、物联网设备、虚拟现实和增强现实技术等。

技术探索有多种方式。专业人员可通过查阅相关的研究文献、参加专业的研讨会和讲座、观看在线教程和演示视频、参与专业的培训课程等方式来学习和了解新的技术。同时，也可以通过实际的项目实践，例如搭建原型系统、进行实验和测试等方式，来深入探索和应用这些技术。

在技术探索的过程中，要充分利用信息技术的强大能力。例如，使用大数据分析工具来研究用户行为数据，了解用户的需求和喜好，从而进行更有针对性的产品设计。利用人工智能算法来优化产品的性能和用户体验，例如使用深度学习算法来优化图像识别或语音识别的效果，使用推荐算法来提供个性化的产品推荐和服务。同时，还可以利用虚拟现实和增强现实技术来改进产品设计的过程。例如，使用虚拟现实技术来模拟产品的使用环境，让设计师能够更真实地感受产品的使用体验。使用增强现实技术来实现产品设计的可视化，让设计师能够更直观地看到产品设计的效果。

总的来说，信息技术的融入使得技术探索变得更为便捷和深入，为产品创新设计提供了更多的可能性和灵感。只有不断进行技术探索，才能跟上时代的步伐，保持产品设计的领先优势。

二、信息技术融入原型开发

原型开发是信息技术融入产品创新设计的第四步。设计团队会根据之前生成的创意和概念，制作具体的产品原型，以便验证和演示设计的可行性和用户体验。信息技术融入原型开发如图 8–4 所示。

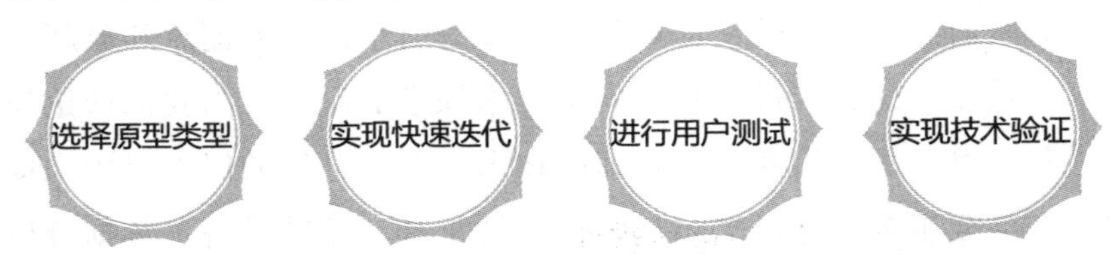

图 8–4　信息技术融入原型开发

（一）选择原型类型

选择原型类型是原型开发的首要任务，这涉及确定开发程度与复杂性，因为原型可以根据需要变得非常简单或非常详细。选择原型类型的过程需要考虑多个因素，包括设计目标、预算、时间线、团队技能等。原型可以分为低保真原型和高保真原型。

低保真原型主要用于理解和定义产品的基本概念和流程。这些原型一般比较简单，不包含细节和交互元素。它们可以通过纸质草图、流程图、线框图等形式来实现。低保真原型通常在产品设计的初期阶段进行，以便快速收集反馈信息并进行迭代。

高保真原型则更接近于最终产品，包含更多的细节和交互元素。这些原型可以通过使用专业的设计工具创建出用户界面，甚至包含动态效果。高保真原型在设计过程的后期阶段进行，以便进行详细的用户测试和评估。

在原型开发的过程中，信息技术的应用可以大幅提升效率。例如，使用数字化的设计工具可以更方便地创建和修改设计元素，同时也方便团队成员之间的合作和沟通。再比如，通过数据分析工具可以更好地理解用户的反馈和行为，从而优化原型设计。

总的来说，选择原型类型是一个需要深思熟虑的过程，需要根据产品设计的具体情况和需求来决定。同时，有效地利用信息技术可以使原型开发的过程更为顺畅和高效。

（二）实现快速迭代

快速迭代是产品原型开发的关键部分，其本质是在收集到用户反馈后，迅速调整和改进产品设计，然后再次进行测试和反馈。这个过程可能反复进行多次，直到产品设计满足用户需求和期望。信息技术的运用在这个过程中发挥着至关重要的作用。

信息技术可以帮助团队更快地创建和修改原型。借助数字化的设计工具，设计师可以轻松地添加、移动或删除设计元素，甚至可以复制和粘贴整个设计布局，从而节省了大量的时间和精力。此外，这些工具还提供了丰富的模板和资源，可以帮助设计师更快地生成新的设计想法。还信息技术可以帮助团队更有效地收集和处理用户反馈。例如，可以通过在线调研工具收集用户反馈，通过数据分析工具处理反馈数据，从而得到更深入、更具价值的洞见。这些洞见可以直接指导原型的迭代过程，使其更加符合用户的实际需求和期望。此外，信息技术也能够有效提升团队之间的协作效率。通过使用项目管理和协作工具，团队成员可以实时共享信息、追踪任务进度、及时解决问题。这可以确保原型开发的过程持续顺畅、迭代过程更加迅速。

总的来说，信息技术的应用可以显著提升原型开发的效率和效果。通过实现快速迭代，团队可以更快地找到满足用户需求的产品设计，从而提高产品的成功率和市场竞争力。

（三）进行用户测试

进行用户测试是原型开发过程中至关重要的一环，其目标是检验产品的可用性，找出产品中可能存在的问题，并对这些问题进行优化。信息技术的应用在用户测试中起到了关键的作用，让这个过程变得更加高效和准确。

借助信息技术，可以进行更为精细和深入的用户行为分析。通过对用户与产品原型互动的过程进行追踪和记录，比如点击率、浏览路径、停留时间等，可以更直观地了解用户在使用产品过程中的行为习惯，发现产品设计中可能存在的问题。此外，这些数据还可以通过数据分析工具进行深入的分析和挖掘，为产品优化提供更为准确的依据。

在开始用户测试之前，先要明确测试的目标和焦点，比如测试产品的易用性、功能完整性、性能等方面。明确的测试目标将有助于设计更有效的测试方案，收集更有针对性的用户反馈。用户测试的结果需要能够真实反映目标用户群体的需求和反应。因此，选择具有代表性的测试用户是非常重要的。这需要考虑用户的年龄、性别、教育背景、技术熟练度等因素。根据测试结果，可以对产品设计进行优化和改进。这包括对产品的功能、界面、性能等方面进行调整，以更好地满足用户的需求。

（四）实现技术验证

实现技术验证是信息技术融入原型开发的关键步骤，它的目的是确

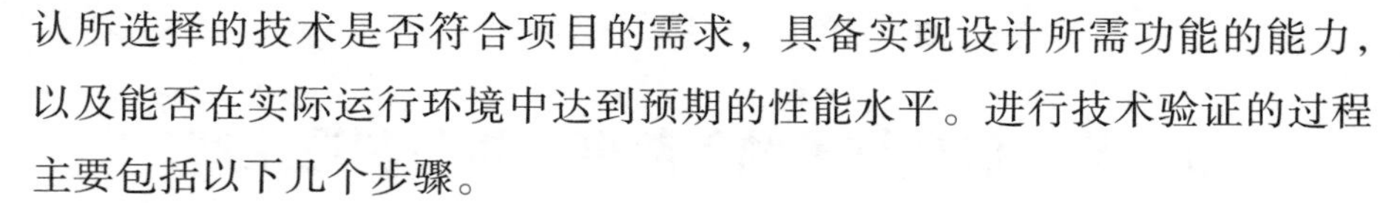

认所选择的技术是否符合项目的需求，具备实现设计所需功能的能力，以及能否在实际运行环境中达到预期的性能水平。进行技术验证的过程主要包括以下几个步骤。

1. 验证技术可行性

要确认所选技术是否具有实现设计目标的可能性。这涉及技术的功能性和性能性。例如，如果设计要求产品具有高精度和高响应速度，那么就需要验证所选技术是否能达到这些要求。

2. 测试技术性能

对所选技术进行系统性的性能测试，包括其稳定性、可靠性、效率等方面。例如，可以通过模拟高负载情况来测试技术的稳定性和效率，以确保在实际运行环境中能够稳定工作。

3. 评估技术成本

评估技术的总体成本，包括初始投入成本、运维成本以及可能的技术升级成本等。通过对比不同技术的成本效益，可以更好地选择适合项目的技术。

4. 风险评估

评估所选技术可能存在的风险，例如技术实现的难度、可能遇到的技术难题、技术的安全性和可维护性等。并提前制订风险应对计划，以减少技术风险对项目造成的影响。

5. 技术实施计划

在验证了技术的可行性和性能后，需要制订详细的技术实施计划，包括技术实施的步骤、时间表、所需资源以及配套的支持服务等。

通过这个过程，可以确保所选的技术既符合设计需求，又能在实际环境中稳定、有效地运行。同时，也可以帮助项目团队更好地理解技术的特性和限制，从而做出更明智的决策。

第三节 信息技术融入数据分析与制造生产

一、信息技术融入数据分析

数据分析是信息技术融入产品创新设计的第五步。设计团队会收集、分析和解释相关的数据，以获取对产品性能、用户行为和市场趋势的洞察，从而指导产品的改进和优化。信息技术融入数据分析如图 8-5 所示。

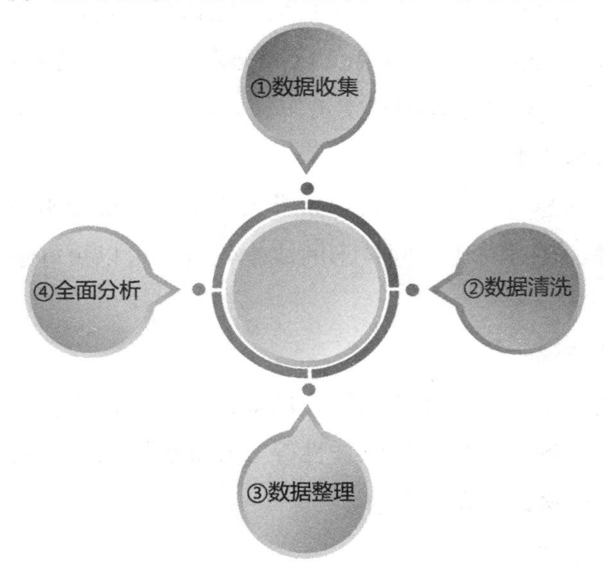

图 8-5 信息技术融入数据分析

（一）数据收集

在产品创新设计过程中，数据收集是信息技术融入数据分析的第一步。数据收集可以帮助我们理解目标市场、明确用户需求，或者了解竞争对手的情况。数据收集可以通过多种方式进行，包括但不限于在线调查、深度访谈、用户测试、竞品分析、社交媒体挖掘等。这些数据能够为产品设计提供丰富的信息来源，例如用户的行为习惯、使用场景、满意度、痛点和需求等。收集到数据之后，需要进行数据清洗和预处理，以保证数据的质量和可用性。然后通过数据分析，可以发现数据中的规律和趋势，例如用户的喜好、产品的使用频率、产品的弱点等。这些分析结果能够为产品创新设计提供强有力的支持。最后，基于这些数据分析的结果，可以形成清晰的产品设计策略和实施方案，包括产品功能定位、用户界面设计、交互设计等。总的来说，数据收集是产品创新设计的重要基础，不仅可以帮助我们了解市场和用户，还能够指导我们的设计决策和策略。

（二）数据清洗

在产品创新设计的过程中，尤其是在信息技术融入数据分析的过程中，数据清洗是第二步。数据清洗，也称为数据清理，是处理和分析数据的过程中最重要的步骤之一。在收集原始数据之后，往往存在许多问题，例如缺失值、错误的数据类型、不一致的数据格式、重复的数据等。这些问题如果不得到妥善处理，会严重影响数据分析的结果，可能导致错误的结论和决策。

数据清洗的主要步骤包括识别并处理缺失值，消除重复数据，纠正错误或异常值，统一数据格式和数据类型，等等。在数据清洗之后，数据才可以进入下一步的数据分析和建模阶段。

总的来说，数据清洗是信息技术融入数据分析的第二步，是保证数据分析质量的重要环节。在产品创新设计的过程中，数据清洗能够保证我们的设计决策基于准确和可靠的数据，从而提高产品的质量和满足用户的需求。

（三）数据整理

在产品创新设计的过程中，数据整理是一个重要步骤。这一步骤涉及对收集和清洗后的数据进行有序化处理，以便更好地进行后续的数据分析。数据整理主要目标是将数据组织成一个有意义和容易理解的形式，以便对其进行有效的分析。数据整理通常包括对数据进行排序、分类、分组、编码等，以准备好进行统计分析、数据建模和机器学习等。例如，可以根据特定的变量或属性对数据进行分组，例如将用户数据按照年龄、性别或地理位置进行分类。也可以将数据转换成适合分析的格式，例如创建新的变量或计算新的指标。此外，数据整理也可能涉及对数据的可视化，以帮助更好地理解数据的分布、关联和趋势。这可以通过绘制图表（如柱状图、折线图、散点图等）来实现。整理好的数据可以更有效地支持后续的数据分析和决策过程，帮助产品创新者发现用户需求、理解市场趋势、提升产品设计，从而提供更好的产品和服务。

（四）全面分析

数据整理结束之后，下一步通常是进行全面的数据分析。这个步骤的目标是从整理好的数据中提取有意义的信息，发现模式、趋势、关系或异常，从而对问题有更深的理解。全面的数据分析通常包括以下几个步骤。

1. 描述性统计分析

这是最基础的分析步骤，包括计算一些基本的统计数据，如平均值、中位数、标准差、频率等，以便了解数据的基本情况。

2. 探索性数据分析

这个步骤旨在通过图表和基本统计方法来探索数据，找出数据的模式、趋势、关系和异常。这通常包括绘制各种图表（如柱状图、散点图、箱线图等）以及进行相关性分析、异常值检测，等等。

3. 推断性统计分析

在这个步骤，我们会使用统计测试方法来判断数据的一些假设是否成立，例如是否存在显著差异、是否存在相关性等。

4. 预测和建模

这是最复杂的步骤，通常涉及机器学习和人工智能技术。在这个步骤中，我们会构建数学模型或算法来预测未来的情况，或者理解各个变量之间的关系。

这些分析步骤需要根据实际情况和需求进行选择和调整。全面的数据分析可以帮助我们更好地理解问题，提供有价值的洞察，从而指导我们的产品创新设计。

二、信息技术融入制造生产

制造生产是信息技术融入产品创新设计的第六步。设计团队将完成的产品设计转化为实际的产品，并进行制造和生产。信息技术融入制造生产如图 8-6 所示。

图 8-6　信息技术融入制造生产

（一）制造流程规划

制造流程规划是一项关键的管理活动，涉及制定和优化生产过程，以满足客户需求并实现制造目标。

1. 定义目标

要明确制造目标。这些目标可能包括生产效率、成本效益、质量控制、及时交货等。定义这些目标将帮助工作人员确定制造流程的关键要素和优化的方向。

2. 了解产品

深入了解产品是制造流程规划的关键一步。工作人员需要知道产品的设计、功能、材料以及生产过程中可能遇到的挑战。这可以帮助他们设计适合的制造流程，预防可能发生的问题。

3. 制定流程

在这个阶段，工作人员需要创建一个详细的生产流程图，明确每个步骤的任务、所需的设备和材料、责任人以及预期的时间表。流程图可以帮助他们理解生产流程的复杂性，并提供一个明确的视觉参考。

4. 评估优化

一旦流程图完成，工作人员就需要对其进行评估。这包括对每个步骤的效率、质量和成本进行分析，寻找可能的改进点。这个阶段可能需要使用一些工具和技术，如值流映射、流程模拟和统计过程控制等。

5. 实施开展

根据评估结果，调整和优化生产流程。在实施阶段，要训练员工，确保他们了解新的流程。一旦新流程开始运行，工作人员需要进行持续的监控和调整，以确保达到预期的结果。

6. 持续改进

制造流程规划并不是一次性的任务，而是一个持续的过程。工作人员需要定期评估生产流程，找出改进的地方，以适应市场需求的变化和新技术的发展。

（二）供应链管理

管理和协调供应链，确保所需的原材料和零部件按时供应。与供应商建立良好的合作关系，优化供应链的效率和可靠性。

供应链管理可以包括以下几个方面的内容。

1. 供应商选择与评估

在建立供应链之前，需要进行供应商选择与评估。这包括研究潜在供应商的信誉、质量管理体系、生产能力、交货能力和成本等方面的信息。通过评估供应商的能力和可靠性，可以选择最合适的供应商来满足企业的需求。

2. 合同管理

与供应商建立合同是确保供应链稳定性和可靠性的重要一环。合同应明确双方的责任和义务，包括供应商提供的产品规格、质量标准、交货时间、付款条件等。通过合同管理，可以降低风险并建立长期的合作关系。

3. 库存管理

供应链管理涉及对原材料和零部件的库存管理。通过有效的库存管理，可以避免库存过剩或不足的情况，从而减少成本并确保生产的连续性。采用合理的库存管理方法（如定期盘点、先进先出原则等）可以最大限度地优化库存效率。

4. 物流与运输管理

供应链管理还包括物流与运输管理，确保所需的原材料和零部件按时到达生产现场。这涉及物流方案的规划与执行，包括运输方式的选择、运输路线的优化、货物追踪和仓储管理等。通过有效的物流与运输管理，可以减少运输时间和成本，并提高供应链的可靠性。

5. 信息技术支持

现代供应链管理离不开信息技术的支持。企业可以利用供应链管理软件和系统来跟踪和管理供应链的各个环节。这些系统可以提供实时的数据和报告，帮助管理者监控供应链的运行情况，并及时做出调整和决策。

6. 风险管理

供应链管理也需要考虑风险管理的因素。这包括对供应商的风险评估和监控，建立应急计划以应对可能的供应中断或延迟，以及建立备选供应商网络，等等。通过有效的风险管理，可以降低供应链中断对企业造成的损失，并提高供应链的弹性和可持续性。

（三）自动化和智能制造

利用信息技术，引入自动化和智能制造的技术和设备，提高生产效率和质量。例如，使用机器人、自动化装配线、数据采集和监控系统等。

1. 自动化生产设备

自动化生产设备包括机器人、自动化装配线、自动化仓储系统等。这些设备可以执行重复性、高精度和高效率的任务，取代传统的人工操作。机器人可以用于物料搬运、零部件组装、产品包装等工序，提高生产线的速度和准确性。自动化装配线可以实现零部件的自动组装和测试，提高生产效率和产品质量。

2. 数据采集和监控系统

数据采集和监控系统通过传感器和物联网技术收集和监测生产过程中的数据。这些系统可以实时监测设备状态、生产线效率、产品质量等指标，帮助管理者及时发现问题并做出调整。通过数据分析和预测，可以优化生产计划、减少故障停机时间，并提高生产效率和资源利用率。

3. 自动化仓储和物流管理

自动化仓储系统可以通过自动化堆垛机、输送带等设备实现货物的自动存储和检索。这可以提高仓库的存储密度和货物的处理效率，并减少人工操作的错误和延迟。智能物流管理系统可以实时跟踪和优化物流

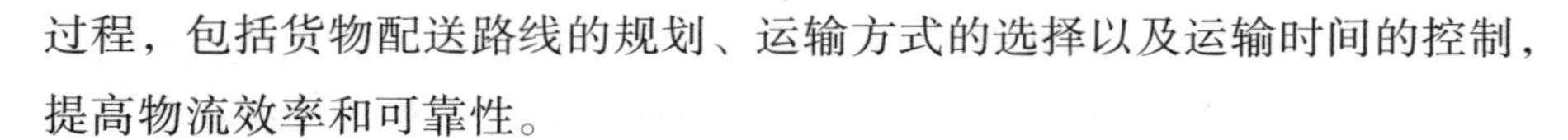

过程，包括货物配送路线的规划、运输方式的选择以及运输时间的控制，提高物流效率和可靠性。

4. 智能质量控制

利用传感器和图像识别技术，可以实现对产品质量的实时监测和控制。通过采集和分析生产过程中的数据，可以及时发现产品质量异常，并自动进行调整和修正。智能质量控制系统可以提高产品一致性和可追溯性，减少不良品数量，降低产品召回和质量问题带来的损失。

5. 数据集成与分析

自动化和智能制造系统产生的大量数据可以通过数据集成和分析实现更高级别的智能化决策。通过整合不同系统和数据源的数据，可以进行全面的供应链分析和优化，包括生产计划的优化、库存的优化、供应商的选择和评估等。同时，利用人工智能和机器学习技术，可以对大数据进行分析和挖掘，帮助企业发现潜在的效率提升和成本降低的机会。

（四）质量控制和测试

质量控制和测试在供应链管理中扮演着重要的角色，它确保产品在制造和交付过程中符合设计规格和标准。

1. 建立质量控制体系

质量控制体系是一个组织的质量管理框架，旨在确保产品质量的稳定性和一致性。它包括制定和实施标准操作程序、质量检查和测试计划，以及建立质量文化和培训员工。质量控制体系应根据产品特性和行业标准进行定制，确保产品符合客户需求和法规要求。

2. 功能测试

功能测试是验证产品是否按照设计规格正常运行的过程。它涉及对产品的各个功能进行测试，以确认产品是否满足设计要求。功能测试可以通过手动测试、自动化测试和模拟测试等方式进行，以确保产品在实际使用中的功能性能。

3. 性能测试

性能测试是评估产品在各种条件下的性能和可靠性的过程。它涉及对产品进行压力测试、负载测试、耐久性测试等，以验证产品在正常和极限条件下的性能表现。性能测试可以帮助发现产品的潜在问题和改进机会，确保产品在各种应用场景下的可靠性和稳定性。

4. 可靠性测试

可靠性测试是评估产品在一定时间内是否能够保持其性能和功能的过程。它通过模拟产品在不同环境和使用条件下的运行，评估产品的寿命和可靠性。可靠性测试可以帮助企业预测产品的寿命和故障率，为产品维修和替换计划提供依据。

5. 统计质量控制

统计质量控制是通过收集和分析数据来监控和改进产品质量的方法。它包括收集质量数据、制定控制图和进行过程能力分析等统计工具和技术。通过统计质量控制，企业可以实时监测生产过程中的质量变化，并采取相应的纠正措施，以确保产品质量的稳定性和一致性。

6. 供应商质量管理

质量控制和测试还涉及与供应商建立良好的合作关系，并进行供应商质量管理。这包括评估和选择优质的供应商、与供应商共同制定质量标准和规范、监控供应商的质量绩效，并进行持续改进和合作。

质量控制和测试是确保产品质量和可靠性的关键环节。通过建立合适的质量控制体系和采用有效的测试方法，企业可以提供高质量的产品，满足客户需求，树立企业的声誉，并提升市场竞争力。

第四节 信息技术融入上市推广与持续反馈

一、信息技术融入上市推广

上市推广是信息技术融入产品创新设计的第七步。设计团队将完成的产品推向市场，进行市场推广和销售活动，以吸引用户并促进产品的采用和使用。信息技术融入上市推广如图 8–7 所示。

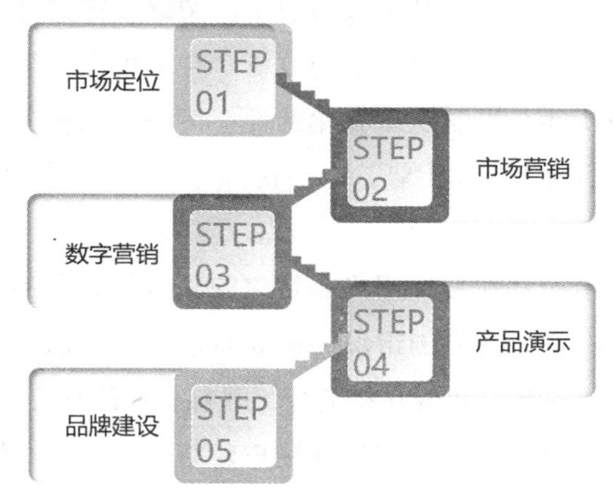

图 8–7 信息技术融入上市推广

（一）市场定位

市场定位是上市推广中的关键步骤，它帮助企业确定产品的目标市场和目标用户群体，以便有效地进行推广活动。

1. 目标市场确定

目标市场是企业希望销售产品或服务的特定市场领域。确定目标市场时，需要考虑市场规模、增长潜力、竞争情况和市场细分等因素。市场细分是将整个市场划分为具有相似需求和特征的小群体，以便更好地满足他们的需求。

2. 目标用户分析

了解目标用户的需求、偏好和行为特点对于有效推广至关重要。通过市场调研、用户调查和数据分析等方法，可以获取关于目标用户的信息，包括他们的年龄、性别、地理位置、兴趣爱好、购买习惯等。这些信息可以帮助企业制定精准的推广策略，与目标用户建立有效的沟通和链接。

3. 市场竞争分析

竞争分析是了解市场上其他竞争对手的策略、产品特点和市场占有率等信息的过程。通过对竞争对手的分析，企业可以了解市场的竞争态势和自身的竞争优势，以制定差异化的推广策略。竞争分析还可以帮助企业识别竞争对手的优势和劣势，以寻找自身的市场定位和差异化机会。

4. 品牌准确定位

品牌定位是指产品在目标用户心目中的独特位置和形象。通过品牌定位，企业可以在竞争激烈的市场中树立自己的独特性和价值观。品牌定位应与目标用户的需求和偏好相契合，并与企业的核心竞争力相匹配。有效的品牌定位可以帮助企业与目标用户建立情感链接，增强品牌认知度和忠诚度。

5. 推广策略制定

基于对目标市场和目标用户的分析，企业可以制定相应的推广策略。这包括选择合适的推广渠道（如广告、社交媒体、公关活动等）、确定推广内容和信息传递方式、制定营销活动和促销策略等。推广策略应与目标用户的特点和偏好相匹配，并根据市场反馈进行调整和优化。

（二）市场营销

市场营销涵盖了定价策略、渠道策略、品牌推广、宣传活动、市场调研和顾客关系管理等方面。通过制定有效的市场营销策略，企业可以

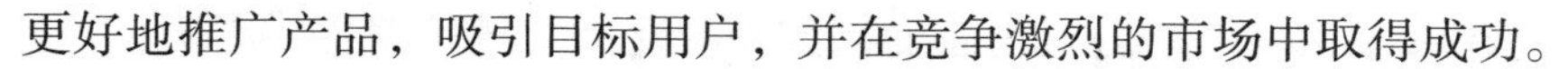
更好地推广产品，吸引目标用户，并在竞争激烈的市场中取得成功。

1. 定价策略

定价策略是确定产品价格的策略和方法。企业可以根据市场需求、竞争情况、成本结构和价值定位等因素制定定价策略。常见的定价策略包括市场导向定价、成本导向定价、竞争导向定价和差异化定价等。定价策略的选择应考虑产品的附加价值、目标用户的支付能力和市场的价格敏感度等因素。

2. 渠道策略

渠道策略是确定产品销售渠道的策略和选择。企业可以选择直销、分销商、经销商、电子商务等不同的销售渠道。渠道策略的选择应考虑目标用户的购买习惯、市场覆盖的需求和销售成本等因素。同时，建立良好的渠道合作关系和进行渠道管理也是有效实施市场营销的重要环节。

3. 品牌推广

品牌推广是建立和提升产品品牌知名度和认知度的活动。它包括品牌定位、品牌标识设计、品牌传播和品牌保护等方面。通过有效的品牌推广，企业可以在目标用户心中建立品牌形象，并与用户建立情感链接。品牌推广可以通过广告、宣传活动、公关活动、赞助等多种方式进行。

4. 宣传活动

宣传活动是向目标用户传递产品信息和推广信息的活动。它包括广告、促销活动、展览会、公关活动等。宣传活动可以通过多种媒体渠道进行，如电视、广播、报纸、杂志、互联网和社交媒体等。选择合适的宣传渠道和内容，可以有效地吸引目标用户的注意力，并促使他们采取购买行动。

5. 市场调研和分析

市场调研和分析是评估市场需求和竞争情况的过程。通过市场调研，企业可以了解目标用户的需求、偏好和行为特点，为制定有效的市场营销策略提供依据。同时，通过市场分析，可以评估竞争对手的策略、市场占有率和未来发展趋势，为企业制定差异化的营销策略提供参考。

6. 顾客关系管理

顾客关系管理是建立和维护与目标用户之间良好关系的活动。它包括客户服务、售后支持、投诉处理和忠诚度计划等。通过有效的顾客关系管理，企业可以提供优质的客户体验，提高客户满意度和忠诚度，并获得口碑传播和使客户重复购买。

（三）数字营销

数字营销的优势在于它可以实现精准的定位和个性化的推广，与潜在用户建立更直接的互动，提高品牌认知和用户参与度。通过合理运用数字营销策略，企业可以更有效地推广产品并与目标用户建立长期的关系。以下是关于数字营销的具体内容。

1. 建立网站

建立一个专业、易于导航和信息丰富的网站是数字营销的基础。网站应具有良好的用户体验和响应式设计，适应不同设备的访问。通过网站，企业可以展示产品信息、提供在线购买或预订功能，并与用户建立直接的互动和联系。

2. 社交媒体营销

社交媒体是与目标用户进行互动和传播的重要平台。通过创建和管理企业的社交媒体账号，企业可以与潜在用户建立联系、发布产品信息、分享内容和开展营销活动。社交媒体营销还可以通过精准的广告定位和社交媒体分析工具，将广告推送给特定的用户群体。

3. 搜索引擎优化（SEO）

搜索引擎优化是通过优化网站结构和内容，提高在搜索引擎中的排名和可见性。通过对关键词的研究和分析，企业可以优化网站的页面标题、元标签、网站结构和内容，以提高在搜索引擎结果页面中的排名。优化后的网站将更容易被潜在用户找到，增加品牌曝光次数和访问量。

4. 在线广告

在线广告是在互联网上展示和传播产品信息的一种方式。它可以通过搜索引擎广告、展示广告（如横幅广告、视频广告）、社交媒体广告等形式进行。在线广告的优势在于其可以根据目标用户的兴趣、地理位置和行为特征进行精准定位，从而提高广告的效果和转化率。

5. 内容营销

内容营销是通过发布有价值的内容来吸引目标用户并建立信任和品牌认知。这包括创建博客文章、白皮书、案例研究、视频内容等。通过提供有用的信息和解决问题的建议，企业可以吸引潜在用户，并在其购买决策过程中发挥影响力。

6. 数据分析与优化

数字营销还需要进行数据分析和优化。通过使用网站分析工具和社交媒体分析工具，企业可以收集和分析用户行为数据、广告效果数据等。这些数据可以提供洞察力，帮助企业了解营销活动的效果，优化策略和资源投入，以取得最佳的市场推广效果。

（四）产品演示

产品演示是一种有效的市场推广手段，它可以通过直接展示产品的特点、功能和优势来吸引用户的注意并促使其购买。利用信息技术进行产品演示可以为用户提供更便捷和互动的体验。以下是一些常见的信息技术工具和方法。

1.3D 模型和动画

通过 3D 建模和动画软件，可以创建逼真的产品模型和演示动画。这些模型和动画可以在网站、移动应用或视频中展示，让用户以不同角度查看产品细节和功能。用户可以自由操作视角和交互式地了解产品的各个方面。

2. 虚拟现实演示

通过虚拟现实设备，用户可以身临其境地体验产品演示。利用 VR 技术，用户可以在虚拟环境中与产品进行互动，并模拟真实使用场景。这种沉浸式的体验可以更好地展示产品的功能和优势，帮助用户更直观地理解产品的价值。

3. 视频会议和远程演示

利用视频会议工具，企业可以与潜在客户进行远程产品演示。通过屏幕共享和实时交流，演示人员可以向用户展示产品界面、操作流程和功能，同时回答用户的问题。这种远程演示方式可以节省时间和成本，同时实现全球范围的演示和交流。

4. 交互式演示应用程序

开发交互式演示应用程序，用户可以自主探索产品的不同功能和应用场景。这些应用程序可以提供产品的详细信息、案例研究、使用教程等内容，使用户能够根据自己的兴趣和需求深入了解产品。

5. 在线演示视频和教程

通过录制和分享在线演示视频和教程，可以为用户提供随时随地学习产品的机会。这些视频可以发布在企业的网站、社交媒体平台或在线学习平台上，让用户根据自己的节奏学习和了解产品的使用方法和功能。

（五）品牌建设

通过品牌建设，提升产品的知名度和认可度。建立有吸引力的品牌形象和品牌故事，增强产品的市场竞争力。信息技术在品牌建设中起到了重要的作用，它可以帮助企业更好地推广品牌、增强品牌认知度，并与目标用户建立紧密的联系。

二、信息技术融入持续反馈

持续反馈是信息技术融入产品创新设计的第八步。设计团队与用户和市场保持沟通和互动，收集反馈意见和数据，并根据反馈进行产品的改进和优化。信息技术融入持续反馈如图 8-8 所示。

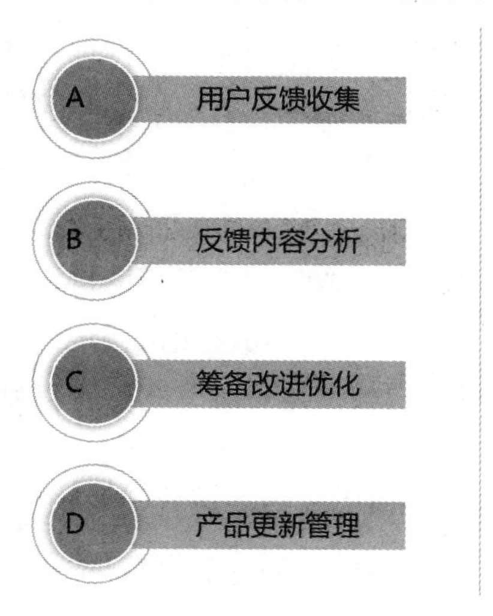

图 8-8　信息技术融入持续反馈

（一）用户反馈收集

用户反馈收集是持续反馈的关键环节，它帮助企业了解用户对产品的看法、需求和体验，以便进行产品的改进和优化。

1. 用户调查

用户调查是一种常用的收集用户反馈的方法。通过设计问卷调查或在线调查，企业可以向用户提出特定问题，了解他们对产品的看法、满意度、使用体验和需求等方面的意见。用户调查可以定期进行，以跟踪用户对产品的态度和期望的变化。

2. 反馈表单

设计企业的网站或应用程序时，可以设置用户反馈表单，让用户能够方便地提供意见、建议或问题。这些反馈表单应设计简洁明了，用户能够快速填写并提交。在设计反馈表单时，应充分考虑用户体验，简化填写流程，鼓励用户积极参与。

3. 支持渠道

通过设立客户支持渠道（如电话、电子邮件或在线聊天）用户可以直接向企业提出问题、反馈意见或寻求帮助。企业应及时回复用户的反馈，积极解决问题，并记录和整理用户反馈的内容，以供参考和改进。

4. 参与测试

在产品开发和改进阶段，邀请用户参与测试，让他们亲自体验产品并提供反馈。可以进行原型测试、功能测试或用户体验测试，以收集用户在实际使用中的感受和建议。用户参与测试可以发现产品的潜在问题和改进空间，并增加用户对产品的参与感和忠诚度。

5. 社交互动

利用社交媒体平台与用户进行互动，通过评论、私信或在线讨论等方式收集用户反馈。企业可以通过关注用户的社交媒体账号、参与相关讨论和回复用户的提问，了解用户对产品的意见和需求，并及时回应和处理用户的反馈。

（二）反馈内容分析

反馈内容分析是对收集到的用户反馈进行仔细研究和分析的过程。通过对反馈内容的分析，企业可以深入了解用户的需求、意见和期望，从中发现问题和改进的机会。

1. 关键词分析

对收集到的用户反馈进行关键词的提取和分析。通过识别用户反馈中的重复词语和主题，可以了解用户最关注的问题和需求，发现产品的优点和改进点。

2. 情感分析

对用户反馈中的情感进行分析，了解用户对产品的喜好、满意度和不满意度。情感分析可以通过自然语言处理技术和情感词汇识别算法进

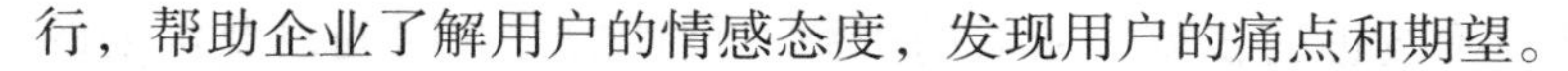
行，帮助企业了解用户的情感态度，发现用户的痛点和期望。

3. 问题分类

将用户反馈按照问题的性质、类型或功能进行分类。例如，将用户反馈分为性能问题、界面问题、功能需求等类别，以便更好地组织和分析用户反馈。通过问题分类，企业可以了解产品在不同方面的改进需求和用户痛点。

4. 优先级评估

对收集到的用户反馈进行优先级评估，确定哪些问题和需求对用户体验和产品改进的影响最大。通过评估反馈的重要性和紧迫性，可以帮助企业合理安排资源和优化策略，优先处理对用户影响最大的问题。

5. 趋势分析

通过对用户反馈的时间序列进行分析，了解用户需求和问题的变化趋势。这可以帮助企业及时发现新的趋势和市场动态，预测用户需求的变化，及时调整产品策略和改进方向。

（三）筹备改进优化

筹备改进优化是产品创新设计流程中至关重要的一步。在收集和分析用户反馈后，企业需要采取相应的措施以便改进产品。这是一个复杂而精密的过程，需要充分的策划和准备，不仅需要详尽的数据分析，更需要具备前瞻性的商业洞察，以便做出明智的决策。

在此阶段，企业应首先依据收集到的用户反馈和数据分析结果，深入理解用户的需求和痛点。对这些反馈和数据进行深入洞察，可以帮助企业更准确地确定产品的问题所在，并找出最优的改进方法。不同的产品或者服务，其用户的需求和痛点也各有差异，因此，如何从用户反馈和数据中抓住最关键的信息，找到最有效的改进方向，是企业在这个阶段必须考虑的问题。

当确定了改进的方向和目标后，企业需要制订详细的改进计划。这个计划应该明确改进的步骤、所需的资源、预计的完成时间以及预期的效果。在制订改进计划时，企业需要考虑各种可能的困难和挑战，并提前做好应对准备。

同时，企业还需要准备相应的资源以执行改进计划。这可能包括技术资源、人力资源、财务资源等。企业需要确保有足够的资源来支持改进活动的进行。如果资源有限，企业可能需要优先考虑那些最能带来显著改进的措施。

在这个阶段，企业也应该建立一个有效的沟通机制，以确保所有相关的部门和人员都清楚改进计划的内容和目标。这可以通过定期的会议、邮件通知、内部通告等方式实现。良好的沟通可以提高改进活动的效率，同时也可以帮助企业更好地管理和调动资源。

完成这些准备工作后，企业就可以开始执行改进计划了。在执行过程中，企业需要持续监控改进的进度和效果，以便及时调整方案，确保改进活动能够按照预期的方向进行。在筹备改进优化的过程中，企业还需要保持对市场的敏感度，及时了解和把握市场的变化，以便在改进产品的同时，也能够满足市场的新需求。

（四）产品更新管理

产品更新管理是一个必不可少的过程，它确保了产品能够持续适应市场需求的变化并保持竞争力。产品更新不仅包括改进现有产品的功能和性能，还可能涉及推出全新的产品版本或系列。在这个过程中，企业需要不断地研究市场，理解用户需求，调整和优化产品设计，然后通过有效的产品更新管理策略，将这些改进推向市场。

产品更新管理的核心是用户。企业必须始终关注用户的需求和反馈，并据此调整产品设计。这种持续的用户反馈循环可以帮助企业更好地理解用户的需求，从而制定更符合市场需求的产品更新策略。同时，企业也需要注意收集和分析与竞争对手相关的信息，比如他们的产品特性、市场表现、销售策略等。通过对竞争对手的分析，企业可以更好地理解市场的整体趋势，以及自身产品在市场中的位置和优势，从而更有针对性地进行产品更新。

此外，企业还需要关注技术的发展和变化。随着技术的进步，新的功能、新的设计理念，甚至新的业务模式都有可能出现。企业需要灵活应对这些变化，将最新的技术引入产品更新，以保持产品的先进性和竞争力。产品更新管理也需要企业有一套完善的内部管理机制。这包括但不限于制订明确的产品更新计划、设定可度量的目标、建立有效的协作机制、设置合理的时间表等。这些内部管理机制可以帮助企业更加高效地进行产品更新，同时也能确保产品更新的质量和效率。

在产品更新的实施过程中，企业还需要对产品的性能进行持续的测试和验证，确保每次更新都能真正提升产品的性能和用户体验。此外，对于每次产品更新的结果，企业都应进行详细的评估和总结，以便不断优化产品更新管理的流程和策略。

要明确的是，产品更新并不仅仅是对产品本身的改进，它还涉及与产品相关的营销策略、销售策略、售后服务等多个环节的调整和优化。因此，在进行产品更新管理时，企业需要全面考虑，确保各个环节都能协同工作，共同推动产品的成功。

第九章　信息化的产品创新设计需要以可持续发展为前提

第一节　可持续发展的意义与价值

一、可持续发展

可持续发展是一个全球公认的概念和发展方式。简而言之，可持续发展就是在环境、经济和社会三个维度上实现平衡。

环境层面的可持续性是可持续发展理念的基础。人类的发展不应以损害环境为代价。环境保护需要我们采取措施。例如，有些城市正在大力推进循环经济和零废弃物政策，以减少垃圾填埋和焚烧。这种方法通常涉及改变消费行为，提高回收率，鼓励再利用和减少生产过程中的浪费。又如，自然保护项目大力支持恢复退化的森林，以增加生物多样性，提供生物栖息地，并帮助吸收大气中的二氧化碳。

经济层面的可持续发展指的是在保护环境的前提下，实现经济增长和繁荣。这意味着我们需要寻求更环保、更高效的生产方式创新和发展低碳经济。例如，绿色建筑和绿色交通等产业的发展，不仅有助于环境保护，也能创造就业机会、推动经济增长。又如，可持续农业也是今年比较火热的话题之一，可持续农业倡导环保的农业实践，如种植多种作物，减少化肥和农药的使用，以防止土壤侵蚀和保护生物多样性。这样的做法不仅有益于环境，而且有助于提高农民的收入，因为他们可以销售更多种类的农产品，而且减少了对昂贵的化肥和农药的依赖。

社会层面的可持续发展着重于公平和社会正义。可持续发展需要确保所有人的需求都能得到满足，而不仅仅是少数人。这意味着必须打破社会不平等，包括贫困、性别不平等、教育不公等问题。实现社会层面的可持续发展，需要我们尊重人权，推进教育和公共卫生，保障社会福利，等等。

可持续发展的重要性在于，它能帮助我们找到一个在环境、经济和社会之间实现平衡的方法，让我们的发展不再以牺牲地球的生态环境或者社会公正为代价。通过采取可持续的生产和消费模式，我们可以提高生活质量，同时保护我们的地球，让我们的后代也能享有良好的环境和公正的社会。

可持续发展是一个复杂而艰巨的任务，需要全球各国的共同努力和合作。通过立法、政策制定、科技创新以及教育普及等手段，我们可以推动可持续发展的实现。对于个人而言，我们也可以通过节约资源、减少浪费、支持可持续产品、参与社区活动等方式，为可持续发展做出贡献。

总的来说，可持续发展是我们面临的一项挑战，也是我们的机遇。只有实现可持续发展，我们才能确保人类和地球的未来。这是一个需要我们共同努力和寻求解决方案的问题，也是我们为了保护共同的家园，为了我们和我们后代的未来所必须做的事。

二、可持续发展的意义与价值

在当今世界，可持续发展已经成为一项至关重要的任务。其意义和价值在于寻求经济、社会和环境的平衡和谐。可持续发展不仅要关注当前的需求，还要关注未来世代的需求，追求长期的繁荣和稳定。它鼓励创新和技术进步，推动经济增长的同时减少资源消耗和环境污染。在社会层面，可持续发展致力于消除贫困、减少不平等，并促进社会公正和包容性增长。同时，可持续发展强调保护和恢复环境，减少温室气体排放，保护生物多样性，确保地球生态系统的健康。实现可持续发展是我们对未来世代的责任，也是为了我们自身的福祉和生存。只有通过可持续发展，我们才能建立一个可持续的未来，创造一个更美好的世界。可持续发展的意义与价值如图 9-1 所示。

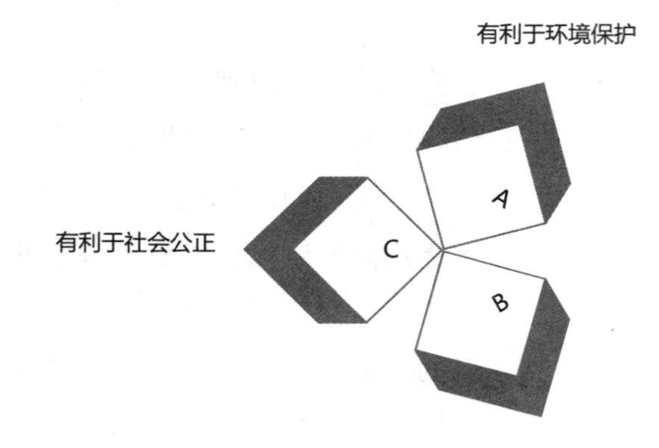

图 9-1 可持续发展的意义与价值

（一）可持续发展有利于环境保护

可持续发展鼓励我们重新思考我们对自然资源的使用方式。它提倡使用可再生能源（比如太阳能、风能、水能）以代替石油、煤炭等化石燃料。这些可再生能源产生的碳排放量远低于化石燃料，这对于抗击全球气候变暖至关重要。此外，可持续发展还倡导更有效的资源利用和回收，以减少对自然资源的过度开采。

可持续发展要求我们保护生物多样性。地球上的每一个生物种类都在生态系统中扮演着独特的角色，对于维持生态系统的健康和稳定至关重要。可持续发展倡导我们采取行动来保护濒危物种，恢复被破坏的生态系统，并尽可能减少人类活动对生物多样性造成的负面影响。

可持续发展倡导的可持续农业和林业实践对于环境保护也至关重要。例如，通过更有效地使用土地、水和其他资源，我们可以提高食物和木材的生产，同时也可以减少对环境的破坏。此外，可持续农业和林业还可以提高土壤质量，增加碳储存，并提供重要的生物栖息地。

可持续发展鼓励我们发展绿色城市。这包括推动能源效率、减少废物、提高公共交通的使用，以及保护和恢复城市绿地。这些做法不仅可以提高城市居民的生活质量，同时也可以减轻城市对环境的压力。

然而，实现可持续发展的目标并非易事。它需要我们改变许多深入人心的消费和生产习惯，需要政策制定者、企业、科研机构和公民共同努力。然而，考虑我们面临的环境挑战，如全球气候变暖、生物多样性丧失、水资源短缺等，可持续发展不仅是一种选择，更是一种必需。只有通过采取可持续的方式，我们才能保护好我们共同的家园，让人类和地球的未来充满希望。

（二）可持续发展有利于经济繁荣

可持续发展与经济繁荣有着紧密的联系。对于经济增长，可持续发展具有十分积极的意义。

传统的经济增长模式往往忽视了环境成本。这意味着，在计算经济增长时，我们没有考虑环境污染、资源耗竭以及生态系统服务损失等对经济造成的负面影响。然而，这种做法实际上导致了我们对经济增长的误估，并可能导致不可持续的决策。

可持续发展提出了一种更全面的经济增长模式。这种模式考虑了环境和社会的因素，将它们整合进经济决策中。这就意味着，我们需要寻找那些可以最大化经济效益，同时最小化对环境和社会的负面影响的解决方案。例如，可持续发展鼓励我们投资于清洁和可再生能源。这些投资不仅可以减少我们对化石燃料的依赖，降低碳排放，也可以创造新的就业机会，促进经济增长。根据国际能源机构的报告，可再生能源领域的就业机会正在快速增长，这个领域有巨大的经济潜力。

可持续发展还强调环境保护的经济价值。生态系统提供了许多我们日常生活所依赖的服务，如水的净化、气候调节、食物生产等。保护和恢复这些生态系统，就等于保护和增加这些生态系统服务的经济价值。此外，可持续发展鼓励我们发展绿色经济。绿色经济强调资源的高效利用、减少废物，以及创新和绿色技术的发展。这些做法可以提高我们的生产效率、减少环境成本，同时也可以创造新的经济机会。

总的来说，可持续发展为我们提供了一种新的经济增长模式，这种模式考虑了环境和社会的因素，以创造一个更公正、更环保、更繁荣的经济体系。虽然实现这种模式需要改变我们许多传统的观念和做法，但考虑我们面临的环境挑战，这是必须做的。只有通过实现可持续发展，我们才能实现真正的长期繁荣。

（三）可持续发展有利于社会公正

可持续发展与社会公正有着深厚的联系。深入贯彻践行可持续发展理念有利于推动社会公正的走向。

可持续发展关注的是所有人的福利，不只是少数人的福利。这意味着它要求我们消除贫困，提供基本的生活保障，如食物、住房、医疗和教育。这些都是实现个人发展和社会进步的基础。通过确保所有人都有这些基本需求，我们可以创建一个更加公正和包容的社会。

可持续发展强调教育的重要性。教育是人们脱贫、实现自我提升的关键手段，也是促进经济发展和社会进步的关键因素。可持续发展倡导提供公平和优质的教育机会，以确保每个人都有发展的机会，无论他们的出身、性别或者是种族。

可持续发展还强调健康。健康是人们实现其潜力、过上有意义的生活的关键。然而，许多人因为贫困、环境污染，或者是不公平的健康服务，不能享受到健康的生活。可持续发展倡导我们提供公平和优质的医疗服务，并减少环境污染，以保障每个人的健康。

可持续发展还关注那些被边缘化的群体，如女性、少数族群、残疾人、老年人等。这些群体常常因为社会和经济的障碍，而不能充分实现其潜力。可持续发展要求我们消除这些障碍，并确保这些群体也可以参与和受益于经济和社会的进步。

在这个意义上，可持续发展是一种追求公正的理念。它要求我们看到社会中的不公，反思我们的行为和决策，以创建一个更加公正和包容的社会。这种方式有利于实现个人和社会的共同繁荣，以实现社会长期的可持续发展。

第二节　可持续发展在产品创新设计中不容忽视

一、可持续发展要求产品设计要尽量减少对环境的负面影响

在可持续发展的理念下，产品设计需要尽可能地减少对环境的负面影响。这一理念被称为“绿色设计”或者“可持续设计”，它涵盖了产品设计的全过程，包括选材、生产、运输、使用，甚至到最后的废弃处理。

（一）选材阶段

在产品设计的选材阶段，绿色设计理念将生态因素纳入决策过程，这对于降低产品全生命周期内的环境影响至关重要。

设计师会选择那些可以循环利用、可再生或者是来源可持续的材料。这不仅减轻了对地球有限资源的压力，而且降低了在获取和处理这些材料过程中的环境影响。举例来说，他们可能选择竹子而不是硬木，因为竹子是一种快速生长的资源，相比于硬木，它的再生能力更强，同时，

竹子在种植和生长过程中，可以吸收大量的二氧化碳，这对于减缓全球变暖具有积极意义。此外，设计师还会尽可能选择使用再生塑料或者生物塑料，取代传统的石油基塑料。这些替代品在生产过程中产生的碳排放更少，而且在使用后可以被回收或者生物降解，减少了对环境的破坏。然而，选择材料不仅仅要关注资源的可持续性，还要关注这些材料可能对环境和人类健康带来的潜在影响。例如，设计师会避免使用那些在生产或处置过程中会产生有害物质的材料。同样，他们也会选择那些在使用过程中不会释放有害物质，或者是能够在使用结束后安全地回收或者处理的材料。

在这个过程中，设计师需要与供应链各方紧密合作，寻找和验证可持续的材料来源，同时，还要确保这些材料符合产品的性能要求和经济效益。通过这种方式，绿色设计可以将环保理念融入产品设计的最初阶段，为实现全面的可持续发展打下坚实的基础。

（二）生产阶段

在产品的生产阶段，绿色设计的理念主要体现在资源的高效利用以及污染的最小化。设计师和制造商需要共同努力，选择能源和水资源的高效利用方法，同时尽可能地减少废物和污染的产生。例如，他们可能采用先进的制造技术和工艺，比如精益制造或者数字化制造，这些方法可以有效地减少生产过程中的能源和水的消耗，同时也能减少废物的产生。另外，通过改进生产流程和提高生产效率，可以进一步降低资源的浪费。这可能涉及重新设计工厂布局、优化生产流程，甚至引入新的技术，如工业物联网、大数据和人工智能等。

在废物管理方面，绿色设计会倡导“零废弃”的理念。这意味着设计师和制造商会尽可能地减少废物的产生，通过再利用、回收或者转化废物，使废物变废为宝。例如，一些制造商可能使用环保的包装材料，或者是在设计时就考虑产品的回收和再利用。此外，设计师和制造商也会尽量减少在生产过程中产生的环境污染。这可能包括采用清洁能源，减少温室气体的排放，也可能包括使用更环保的原料和化学品，以减少对环境和人类健康的影响。

总的来说，生产阶段的绿色设计不仅体现在产品的外观和功能上，更体现在背后的生产过程和制造方法上。通过这种方式，我们可以在保持生产效率和产品质量的同时，也保护我们的环境，为未来的可持续发展奠定基础。

（三）试用阶段

在产品的使用阶段，可持续设计的目标不仅在于满足用户的需求和提供良好的使用体验，更在于最大限度地减少产品在使用过程中对环境的影响。这主要表现在两个方面：提高产品的耐用性以及提高产品的能效。

耐用性是产品设计中的一个重要考虑因素。耐用性强的产品具有更长的使用寿命，这意味着用户不需要频繁地更换产品，从而减少了废物的产生。设计师在设计产品时，会尽可能选择高质量且耐用的材料，同时也会考虑产品的维护和修复。例如，他们会尽可能设计出易于维护和修复的产品，让用户可以轻松地更换零件或者修复故障，而不是直接丢弃整个产品。

能效是另一个重要的设计目标。高能效的产品在使用过程中消耗的能源更少，这不仅可以帮助用户节省能源、减少能源费用，而且有助于减少碳排放，减缓全球变暖。设计师会采用各种方法提高产品的能效。例如，他们可能设计出更节能的家电，比如高效节能的冰箱、洗衣机或者空调。他们也可能设计出使用 LED 光源的照明设备，代替传统的白炽灯泡。

在产品的使用阶段，通过提高产品的耐用性和能效，可持续设计不仅能够提供满足用户需求的产品，而且能够减少对环境的影响，实现社会、经济与环境的可持续发展。

（四）处理阶段

在产品的废弃处理阶段，可持续设计的主要目标是最大限度地减少废物的产生，并尽可能地利用废弃的产品和材料。这体现了循环经济的理念，即资源的利用应该形成一个闭环，而不是一次性消耗。首先，设计师在设计产品时，就会考虑产品的回收性。他们会设计出易于分解的产品，这样在产品报废时，各个部件可以轻松地分离开，以便于回收。例如，他们可能设计出电池可以轻松更换的电子产品，或者是易于拆卸和分解的家具。其次，设计师也会尽可能选择可回收的材料。比如，他们可能选择使用可回收的塑料、金属或者纸张等材料，以便在产品废弃后，这些材料可以被回收利用，而不是直接填埋或焚烧。除了回收，设计师还会考虑产品的生物降解性。对于一些不易回收或难以回收的材料，如果能设计成可生物降解的，那么即使这些材料不能被回收，也可以通过生物降解的方式返回自然，成为环境的一部分，从而避免了对环境的污染。在产品的废弃处理阶段，通过考虑产品的回收性、选择可回收的材料以及提高产品的生物降解性，可持续设计旨在形成一个资源利用的闭环，减少废物的产生，保护我们的环境，为未来的可持续发展做出贡献。

二、可持续发展要求产品设计要符合社会的需求和价值观

可持续发展的理念不仅在于环境的保护和经济的效益，更包括了社会的公正和人文关怀。在产品设计中，满足社会的需求和价值观是至关重要的。

（一）可持续发展要求设计师深入理解和挖掘社会的需求

在深入理解和挖掘社会需求的过程中，设计师需要广泛地观察和调

研。他们需要和用户进行交流，了解用户的生活方式、需求和期待，观察他们使用产品的实际情况。通过这样的研究，设计师可以发现一些潜在的、用户自己可能都没有意识到的需求，从而设计出更符合用户需求的产品。

同时，设计师需要理解社会的发展趋势和变化。社会的发展会引发新的需求，如随着科技的发展，人们对于智能产品的需求增加；随着生活节奏的加快，人们对于便捷、高效的产品的需求增加。设计师需要预见这些变化，以便能及时调整设计，满足新的需求。此外，情感性需求的满足也是设计师需要重视的部分。产品不仅是工具，也是一种文化和生活方式的表达。设计师需要用心去理解用户的情感和价值观，用设计去引发用户的情感共鸣，使产品成为他们生活中的一部分。

通过对社会需求的深入理解和挖掘，设计师可以设计出既满足功能性需求，又能引发情感共鸣的产品，从而推动可持续发展的理念在社会中的实践和传播。

（二）可持续发展要求设计师关注社会的价值观

在关注社会价值观的过程中，设计师需要做的不仅是关注当前的主流价值观，更需要深入理解这些价值观的形成和发展过程，预见未来可能的变化。比如，随着人们对环境问题的认识日益深入，环保、绿色、低碳的生活方式逐渐成为社会主流价值观。对于设计师来说，他们需要把这些价值观融入产品设计，比如选择环保材料，优化生产流程，降低能耗，等等。同时，设计师还需要利用产品设计，引导和推动社会价值观的进步。好的设计不仅可以反映社会价值观，更可以通过创新和引导，推动社会价值观的转变。比如，设计师可以通过创新的设计，使产品在满足用户需求的同时，也传递了对环保、公正、健康的重视，从而推动用户对这些价值观的接受和实践。

此外，设计师需要尊重各种不同的社会价值观，以及不同群体的需求和期待。他们需要了解不同文化背景、生活方式和价值观，保证产品设计的多元性和包容性，从而满足更多人的需求，推动社会的可持续发展。在关注社会价值观的过程中，设计师需要持续学习，不断反思，敢于创新，以此推动产品设计与社会价值观的和谐发展，推动社会的可持续发展。

（三）可持续发展要求设计师关注社会的多样性

设计师关注社会多样性的过程中，他们需要尽力理解并尊重各种不同的文化、社区和个人需求。在全球化的今天，产品可能需要服务于各种不同的群体，包括不同的种族、性别、年龄、文化背景等。这就要求设计师在设计产品时，不仅需要考虑广大用户的普遍需求，还需要关注那些特定群体的特殊需求。例如，为老年人设计的产品可能需要更注重易用性和舒适性，而为儿童设计的产品可能需要更注重安全性和教育性。同时，设计师需要反映和尊重不同群体的价值观和生活方式。这不仅可以提升产品的吸引力，使其更符合用户的身份和生活方式，也有助于推动社会的多元性和包容性。例如，设计师可以通过使用某种特定文化的元素或者色彩，来反映那个文化的价值观和美学。此外，设计师还需要关注社会的变化，以便能及时调整设计，满足新的需求。随着科技的发展、人口结构的变化以及社会观念的转变，社会的多样性也在不断增加。设计师需要持续学习，不断更新他们的知识和观念，以便他们能设计出既反映现代社会多样性，又符合可持续发展理念的产品。

通过对社会多样性的关注和尊重，设计师可以设计出更加多元、包容和有影响力的产品，推动社会的可持续发展。

三、可持续发展要求产品设计要具有长期的可持续性

可持续发展确实要求产品设计具有长期的可持续性。这意味着产品不仅在短期内满足人们的需求和期待，而且在长期内能持续产生价值，

不对环境造成不可逆的损害。

（一）可持续发展要求产品设计要具有耐用性

可持续发展要求产品设计要具有耐用性。耐用性是衡量产品质量的一个重要指标，更是可持续设计的关键考虑因素。耐用的产品能够长久地服务于用户，避免频繁地维修和更换，这可以大大降低产品的生命周期成本。从资源的角度看，耐用性能减轻对地球有限资源的压力，这是因为如果产品可以长时间使用，那么就不需要频繁地生产新产品以替换老旧的产品。

设计师在追求产品耐用性时，需要考虑如何选择更持久的材料，如何采用更精良的制造工艺，如何设计更可靠的产品结构。同时，还需要考虑如何对抗时间的磨损，如何抵抗各种使用环境的影响。例如，在材料选择上，设计师会选择那些具有良好耐磨性、耐腐蚀性以及稳定性的材料，以提高产品的耐用性。在制造工艺上，设计师会采用那些更精密、更可靠的制造工艺，以保证产品质量的稳定性。在产品结构设计上，设计师会选择那些更简洁、更健壮的设计方案，以避免不必要的故障。

耐用性并不意味着产品不能进行维修和更新。相反，一个好的设计应当使产品易于维护和升级，这样即使产品出现了问题或者需要更新，也能以最小的成本和影响完成。

总的来说，耐用性是实现产品长期可持续性的关键，它要求设计师在设计过程中全面考虑产品的生命周期，尽可能延长产品的使用寿命，降低产品的生命周期成本，减少对环境的影响。

（二）可持续发展要求产品设计要具有灵活性

可持续发展要求产品设计要具有灵活性。灵活性是指产品能够适应变化的能力，这包括适应用户需求的变化、技术进步的变化以及环境条件的变化。具有灵活性的产品设计，可以有效延长产品的使用寿命，减少资源浪费，降低环境影响。

随着用户需求的变化，产品可能需要进行功能上的升级或者改变。例如，一台电视可能需要加入新的网络功能以满足用户对于在线内容的需求；一辆汽车可能需要增加新的安全系统以满足用户对于安全的关注。如果产品设计具有灵活性，那么这些升级或者改变就可以更容易地进行。随着技术的发展，产品可能需要进行性能的提升或者结构的优化。例如，一个电池可能需要改用新的能源材料以提高其能量密度；一块电路板可能需要采用新的集成电路以提高其计算效率。如果产品设计具有灵活性，那么这些提升或者优化就可以更高效地进行。随着环境条件的变化，产品可能需要进行材料的更换或者维护方式的调整。例如，一台在海边使用的发电机可能需要更换抗腐蚀的材料以延长其使用寿命；一个在热带雨林中使用的无人机可能需要调整其维护方式以适应高湿度的环境。如果产品设计具有灵活性，那么这些更换或者调整就可以更有效地进行。

因此，灵活性是实现产品长期可持续性的一个重要因素，它要求设计师在设计过程中考虑产品在其生命周期中可能遇到的各种变化，并尽可能使产品能够适应这些变化，从而延长产品的使用寿命，减少资源浪费，降低环境影响。

（三）可持续发展要求产品设计要具有环保性

可持续发展要求产品设计要具有环保性。产品的环保性主要体现在资源消耗、能源效率、废物排放以及回收再利用等多个方面。从设计之初就应考虑这些因素，以使产品在其整个生命周期内都尽可能减少对环境的负面影响。

资源消耗是产品对环境造成影响的一个重要方面。设计师需要选择可持续或可再生资源，尽量避免或减少使用有限的、不能再生的资源。此外，还应尽可能降低在生产过程中对原材料的需求，例如通过改进设计或使用更有效的生产工艺。能源效率是评价产品环保性的另一个重要指标。设计师应优化产品的能源使用，尽可能提高其能源效率。这可以通过采用更高效的技术、优化产品结构或改进产品运行方式等来实现。在废物排放方面，设计师应力求减少在产品的生产和使用过程中产生的废物。这可以通过提高产品的耐用性和可维护性，延长产品的使用寿命，减少更换频率，也可以通过改进生产工艺，减少生产过程中的废物产生。回收再利用也是实现产品长期可持续性的一个关键环节。设计师需要考虑产品的回收性和可拆卸性，让产品在使用寿命结束后，可以更容易地被拆解和回收利用，从而将废弃物转化为新的资源，进一步减少对环境的影响。

总的来说，产品的环保性是衡量其可持续性的一个重要指标。设计师应在产品设计的各个阶段都考虑环保因素，从源头上降低产品对环境的影响，从而实现产品的长期可持续性。

第三节　践行可持续性产品创新设计观念的路径探析

可持续观念融入产品创新设计的步骤如图 9-2 所示。

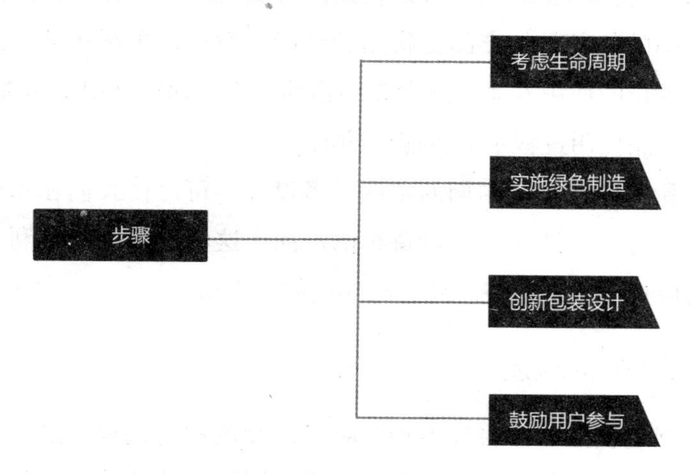

图 9-2　可持续观念融入产品创新设计的步骤

一、考虑生命周期

在设计产品时，从生命周期的角度思考设计可以实现真正的可持续性。这种设计方法不仅关注产品的使用阶段，而且从原料获取开始就全面考虑其对环境和社会的影响，以便在每个阶段都尽可能地减少这种影响。

设计师在选材阶段就应该考虑使用可持续原材料，这些原材料可以是可再生的，比如竹子和大麻，也可以是可回收的，比如再生塑料和金属。通过选择这些可持续原材料，我们可以降低对地球有限资源的消耗，减少采矿和森林砍伐对生态环境的破坏。另外，还需要考虑生产过程的环保性。采用能耗低和废弃物少的生产工艺，是实现这一目标的关键。这可能意味着选择更有效率的机器，改进生产流程，甚至转向使用可再生能源。通过这些方式，我们可以在生产过程中减少对环境的影响，同时也可能降低生产成本。

另外，设计师也需要考虑产品运输阶段的环保性。尽管这一阶段的环保影响可能较小，但通过优化包装，选择高效的运输方式，或者利用更接近的供应商，我们仍然可以在此阶段实现环保目标。在产品使用阶段，设计师的任务是使产品更耐用和节能。设计出更耐用的产品，可以使产品有更长的使用寿命，减少废弃物的产生。而设计出更节能的产品，则可以在产品使用过程中减少能源的消耗。

综上所述，从生命周期的角度思考设计，可以使我们在每个阶段都实现环保目标，创造出真正可持续的产品。这种设计方法有利于提高我们的生活质量。实现经济、社会和环境的三重赢。

二、实施绿色制造

实施绿色制造，即将环保理念融入产品的制造过程，这一概念不仅关注生产过程中的能源效率和资源效率，同时也关注减少废物和污染物的产生，提高产品的可回收性，以及改善工人的工作环境。

绿色制造需要从源头设计开始，考虑如何在设计阶段就将环保理念融入产品。这意味着选择可再生或可回收的材料，设计易于制造和组装的产品，以减少生产过程中的废物和能源消耗。同时，设计师也需要考虑产品的使用寿命，以及在产品寿命结束后如何回收和处理。在生产过程中，企业需要采取各种措施来减少能源消耗和废物产生。这可能涉及采用更高效的设备和工艺，改进生产流程，以及使用清洁能源。例如，企业会选择使用电力驱动的设备替代传统的燃气设备，或者采用闭环生产系统，将废物和废水回收再利用。

除了生产过程本身，绿色制造还需要考虑产品的运输和分销。这意味着优化包装，减少运输过程中的能源消耗和碳排放。此外，通过选择更近的供应商和分销商，也可以减少运输过程的环保影响。绿色制造不仅会关注产品和生产过程，也会关注工人的工作环境。工人的健康和安全是可持续制造的重要组成部分，这需要企业提供良好的工作环境，如足够的通风和照明，以及安全的操作设备。同时，企业还应当提供必要的培训，让工人了解和遵循绿色制造的理念和实践。

总的来说，实施绿色制造是一个全面的过程，需要设计师、生产商和用户的共同参与和努力。通过这种方式，我们可以将环保理念融入产品的整个生命周期，为实现可持续发展做出贡献。

三、创新包装设计

创新包装设计是可持续产品设计的重要一环。良好的包装设计不仅能吸引消费者的注意力、增加产品的销量，同时也能有效地减少资源消耗和环境污染。设计师可以从材料选择、设计理念、包装大小和形状以及包装的再生利用等方面，进行创新设计，实现包装的可持续性。

首先，设计师可以选择环保的包装材料，如可再生或可回收的纸质、竹质，甚至食品级的材料。通过选择这些可持续材料，可以减少包装制造过程中对环境的影响，同时也能提高包装的回收率。

其次，设计师可以从设计理念上进行创新。例如，他们可以设计出可以重复使用的包装，或者将包装设计成有实用功能的产品，如转化成一个购物袋或一个装饰品，这样就可以延长包装的使用寿命、减少废弃物的产生。

再次，设计师可以通过调整包装的大小和形状，减少包装材料的使用，并优化运输过程。例如，他们可以设计出紧凑的包装形状，以降低运输过程中的空间和能源消耗，也可以设计出易于堆叠的包装形状，以提高运输效率。

最后，设计师可以考虑包装的再生利用。例如，他们可以设计出易于分解和回收的包装，或者利用可生物降解的材料，使废弃的包装可以安全地返回大自然。

总的来说，创新包装设计是一个富有挑战和创新的过程。设计师需要将可持续性的理念融入每一个设计细节，同时也需要关注包装的实用性和美观性。通过这种方式，我们不仅可以为环保做出贡献，同时也可以提供给消费者一个更好的产品体验。

四、鼓励用户参与

鼓励用户参与是实现可持续产品设计的关键环节。用户的行为和习惯在很大程度上决定了产品的实际环境影响。通过增强用户的环保意识，改变他们的消费行为，我们可以进一步降低产品对环境的影响。

（一）设计师可以通过产品设计传达可持续发展的理念

设计师可以通过创新的产品设计，传达并推动可持续发展的理念。例如，可以设计出易于修复和升级的产品。通过预留可拆卸的组件接口，用户可以在产品出现问题或功能陈旧时，只须更换相关的部分而非整个产品，这不仅节约了资源，也减少了废弃物的产生。另外，设计师也可以在产品设计中考虑易修复性，通过提供详细的维修指南和配件，让用户有能力自己修复产品，进一步延长产品的使用寿命。

设计师还可以通过设计出易于回收和分解的产品，鼓励用户进行合理的废弃处理。可以选择使用易于分解的材料，避免使用不易回收或者对环境有害的材料，设计产品时，还可以考虑产品分解和回收的便捷性，如使用标准螺丝而非特殊设计的部件，或者尽量减少使用胶水等不易分解的链接方式，使得产品在废弃后更容易被分解和回收。设计师还可以通过产品设计传递节能和高效的理念。例如，电子产品设计中可以考虑产品的能效，通过使用低功耗的电路设计，智能的能源管理系统，让产品在使用过程中减少能源的消耗。

需要注意的是，设计师的责任不仅在于设计出满足用户需求的产品，更在于引导用户形成良好的环保习惯和可持续的生活方式，通过创新的产品设计，推动可持续发展的理念在社会中的广泛传播和实践。

（二）设计师可以通过产品的教育功能增强用户的环保意识

设计师可以通过产品的教育功能增强用户的环保意识，让用户在使用产品的同时，提升对环保和可持续发展的认识。例如，产品的说明书或使用手册中，不仅可以提供产品的使用说明，还可以融入环保知识和环保建议，让用户在了解产品如何使用的同时，理解为什么需要这样做，以及这样做对环境和社会的积极影响。

此外，设计师还可以在产品设计中融入环保提示和反馈，让用户在使用产品的过程中不断了解自己的行为对环境的影响。比如，一些节能电器会具有能源消耗显示功能，让用户了解自己在使用过程中的实际能源消耗，提醒用户合理使用产品，减少能源浪费。或者，某些智能垃圾分类回收系统，能够根据投入的垃圾种类给出反馈，既方便用户了解自己的垃圾分类是否正确，也能提升用户的垃圾分类意识。

有些设计师甚至创新性地将环保理念融入产品的设计，让用户在享受产品带来的便利和乐趣的同时，参与到环保行动中来。比如设计一款环保主题的游戏，玩家在享受游戏的同时，也能学习到环保知识，增强环保意识。

设计师通过这些方式将环保教育融入产品设计，使产品不仅满足用户的功能需求，更能影响和改变用户的行为和习惯，鼓励他们采取更环保的生活方式，实现社会的可持续发展。

（三）设计师可以通过产品的社区功能建立用户的环保社区

设计师可以通过产品的社区功能建立用户的环保社区，鼓励用户参与并积极推广环保行为。在这个过程中，设计师可以运用技术和创新思维来打造这个社区，让环保行为变得更加有趣和富有成就感。例如，设计师可以为产品创建一个在线社区或者是应用程序，用户可以在此分享他们使用产品的经验、提出改进建议，同时也能在社区中分享他们的环保行为和心得，如家庭废物分类的实践、节能减排的日常习惯等。用户之间的互动和分享可以形成良性的互动氛围，大家可以从彼此的经验中学习，共享环保理念和行为。此外，设计师还可以通过举办线下活动，进一步鼓励用户进行环保实践。这些活动可以是清洁海滩、种植树木、废物利用工作坊等，旨在让用户亲自参与到环保活动中，体验环保的实践和乐趣。

通过线上社区和线下活动的双重推动，设计师可以帮助构建一个环保社区，让用户不仅是产品的消费者，更是环保行动的参与者和推动者。这样，设计师不仅可以推动产品的销售，还能推动社会的可持续发展，实现设计的更高目标。

（四）设计师可以通过产品的奖励机制激励用户进行环保行为

设计师可以通过产品的奖励机制激励用户进行环保行为，这种方式能够通过积极的反馈，使用户更愿意进行环保行为，从而推动可持续发展。例如，设计师可以在产品中设置一个积分系统，当用户进行了某些环保行为（如使用再生材料、节能减排、合理分类废弃物等），他们就可以获得一定的积分。这些积分可以用于兑换产品或者服务，或者享受某些特权，例如优先购买新产品，享受特别的售后服务，等等。这样，用户在保护环境的同时，还可以获得实实在在的利益，提高他们进行环保行为的积极性。除此之外，设计师也可以提供优惠券和礼品，鼓励用户购买和使用环保产品。这些优惠券和礼品可以是产品自身的折扣或者赠品，也可以是与其他环保组织或企业的合作，比如提供公益林植树证书，赠送公交地铁乘车卡，等等。这些优惠和礼品不仅可以鼓励用户更多使用环保产品，也可以帮助用户了解更多的环保信息和资源，增强他们的环保意识。

通过设置奖励机制，设计师不仅可以提高用户对产品的满意度和忠诚度，还可以鼓励用户更积极地参与到环保行为中来，推动社会的可持续发展。同时，这也可以提升产品的品牌形象，使产品在市场中更具竞争力。

第十章　总结与展望

第一节　总结

一、我国产品设计领域不断推陈出新

我国的产品设计领域正在经历一场深刻的变革。这个变革是由许多因素驱动的，包括技术进步、消费者需求的变化、市场竞争的加剧以及政府政策的支持等。这些因素共同推动了我国产品设计领域的创新和发展，使其成为世界上最活跃和最有活力的设计领域之一。

（一）技术进步正在深刻地影响我国的产品设计

技术进步正在深刻地影响我国的产品设计。特别是信息技术、人工智能、大数据等先进技术的应用，使得设计师可以更快、更精确地理解用户需求，生成创新的设计方案，并迅速将设计方案转化为实际产品。这种技术驱动的设计方式不仅提高了设计的效率和质量，也使得产品设计更具创新性和个性化。

（二）消费者需求的变化也正在推动我国产品设计的创新

消费者需求的变化也正在推动我国产品设计的创新。随着消费者对于生活质量、个性化、环保等需求意识的增强，设计师需要在设计中融

入更多的人文关怀、艺术美感、环保理念等元素，使得产品不仅满足功能需求，也具有良好的审美和情感体验。这种以用户为中心的设计方式，使得我国的产品设计更加接近消费者、更加贴近生活。

（三）市场竞争的加剧也在促进我国产品设计的创新

市场竞争的加剧也在促进我国产品设计的创新。随着全球化的发展，我国的设计师不仅需要面对国内的竞争，也需要面对来自全球的竞争。这种竞争压力使得设计师必须不断创新，不断提高设计的品质和水平，才能在竞争中立于不败之地。这种竞争环境为我国的产品设计注入了强大的创新动力。

（四）政府政策的支持也在推动我国产品设计的发展

政府政策的支持也在推动我国产品设计的发展。我国政府在科技、教育、文化等多个领域推出了一系列的政策，支持设计师的创新活动，培养设计人才，建设设计创新平台，推广设计成果，以此推动设计产业的发展，提升设计的社会地位和影响力。

二、我国产品设计创新意识不断提升

我国产品设计领域的创新意识正在经历前所未有的提升。这种提升源于深刻的社会变革，以及对全球市场的紧迫感，但更为根本的，是对创新与独特性价值的重新认识。在过去，我国的产品设计往往被视为模仿和复制的代名词，然而如今，这种观念正在发生根本的改变。

（一）各界对创新价值的重视是我国产品设计创新意识提升的驱动力

我国产品设计创新意识提升的主要驱动力源自社会各界对于创新价值的重视。在当今全球化和信息化的背景下，技术和市场环境正在经历快速的变化，因此，对于产品设计来说，创新已经成为一种必需。创新不仅意味着新的产品形态、新的设计理念，更意味着新的使用体验、新的服务模式。创新不仅可以帮助产品和服务在激烈的市场竞争中脱颖而出，还可以帮助满足消费者日益增长的个性化和多样化需求。政府的政策导向是推动设计创新的重要力量。近年来，我国政府已经开始从各个层面上推动创新发展。在政策层面，政府出台了一系列鼓励创新的政策和措施，比如提高研发投入、设立创新基金、推动产学研合作等。在教育层面，政府推动创新教育，培养具有创新精神和创新能力的人才。在社会层面，政府鼓励创新文化，建立良好的创新氛围。企业对创新的追求也是推动设计创新的重要动力。在面临市场竞争压力的同时，企业更清楚地意识到创新的价值。无论是产品的设计还是服务的提供，创新都可以帮助企业提供具有差异化的产品和服务，从而获得竞争优势。因此，企业在战略规划中将创新作为重要的组成部分。并且，企业也在努力创建创新的组织文化，鼓励员工创新思考，推动创新的实施。设计师对创新的热情和执着也是推动设计创新的关键。在新的社会环境下，设计师们意识到只有创新，才能赢得市场和消费者的认同。因此，他们在设计中积极尝试新的设计理念、新的设计方法，甚至是新的设计工具，力图通过创新打造出独一无二的产品。

（二）设计教育的改革也在推动产品设计创新意识的提升

设计教育的改革在推动产品设计创新意识的提升中起着关键的作用。现代设计教育已经超越了传统的技术技巧和美学原则的教学范畴，转向更加注重培养学生的创新思维和创新能力。这主要体现在以下几个方面。

1. 课程内容的改革

许多我国的设计学院和设计研究所都在逐步引入创新理论的教学，把创新的理念深入教学内容中。这不仅包括最新的设计理念和方法，还包括创新理论、创新思维训练、创新实践等。通过这样的课程设计，旨在帮助学生理解创新的重要性，掌握创新的方法，形成创新的习惯。

2. 教学方式的创新

传统的设计教育多侧重理论知识的传授，而现代设计教育则更倾向于实践教学。很多设计课程都采用项目导向的教学方式，让学生在实际的设计项目中学习和应用知识，体验和理解创新的过程。这种教学方式不仅可以增强学生的实践能力，也有利于培养学生的创新思维。

3. 教育评价体系的改革

传统的评价体系主要侧重于技术技巧和理论知识的掌握程度，而现代设计教育的评价体系则更注重学生的创新能力和实践能力。一些设计学院已经开始将学生的创新表现、实践成果等作为评价标准，通过这种方式鼓励学生勇于创新、善于实践。

通过以上的改革，设计教育在引导和推动设计师们提升创新意识、培养创新能力方面发挥了重要作用。在未来的教育改革中，我们还需要进一步探索和实践，以便更好地适应社会发展的需求，培养出更多具有创新精神和创新能力的设计人才。

（三）创新资源的开放和共享也在提升产品设计的创新意识

创新资源的开放和共享在提升产品设计的创新意识中发挥了至关重要的作用。这主要表现在以下几个方面。

1. 互联网技术的发展为设计师提供了大量的创新资源

设计师可以随时随地通过网络获取全球的设计资源，包括但不限于设计理念、设计案例、设计工具、设计软件、设计研究等。此外，设计师还可以通过网络平台观察和学习全球设计行业的最新动态和趋势，了解不同地区和文化背景下的设计理念和方法。这些都为设计师提供了丰富的创新灵感，极大地拓宽了设计师的视野、激发了他们的创新思维。

2. 互联网技术的发展也促进了设计师之间的交流和合作

设计师可以通过网络平台与全球的设计师进行实时交流，分享设计理念，探讨设计问题，甚至可以进行跨地区的协作设计。这不仅可以让设计师从中获得新的启示和灵感，也可以在不断地交流和合作中提升他们的创新能力。

3. 我国对创新的重视和鼓励也在提升产品设计的创新意识

无论是在政府层面还是在企业和消费者层面，创新都被视为一种价值，被视为产品品质和品牌价值的重要标志。政府通过制定各种政策鼓励创新，企业通过设立创新奖励机制激励创新，消费者通过购买和推荐创新产品支持创新。这种对创新的重视和鼓励，无疑为产品设计的创新提供了良好的社会环境，有力地推动了设计师提升创新意识。

三、我国产品设计产权保护不断完善

我国在产品设计产权保护方面的进步表现得越来越明显。长期以来，我国一直在努力打击侵权行为，保护创新者的权益。

近年来，随着知识产权保护意识的普及和法规制度的日臻完善，产品设计产权保护在我国已经取得了显著的进步。一方面，我国的知识产权法律法规体系在不断完善。包括《中华人民共和国商标法》《中华人民共和国专利法》《中华人民共和国著作权法》等，这些法律法规都为产品设计的知识产权保护提供了清晰的法律依据。同时，我国政府还陆续出台了一系列政策，如《关于进一步加强专利保护工作的若干意见》等，进一步加大了对知识产权的保护力度。另一方面，我国的知识产权执法效率也在提高。我国已经建立了包括专利、商标、版权在内的知识产权审查、登记、行政执法、司法保护等完整的制度体系，同时，加大了对知识产权侵权行为的查处力度。

早在 2019 年，国家知识产权局批准的专利申请量就已经达到 133.1 万件。此外，我国的产品设计产权保护意识也在提升。许多我国企业已经认识到知识产权的重要性，开始主动申请专利，保护自己的产品设计。

而且，这种意识也在社会中得到了广泛的传播和普及，越来越多的设计师和消费者开始关注和尊重知识产权。我国在国际知识产权保护领域的合作也在加强。我国已经加入了世界知识产权组织（WIPO）和《巴黎公约》等多个国际知识产权保护组织和公约，积极参与全球知识产权保护工作，与世界各国进行深度的交流和合作。

第二节　展望

一、借助信息技术促进传统文化元素充分融入产品设计

借助信息技术将传统文化元素融入产品设计，已经成为当今设计界的一种重要趋势。在全球化和信息化的大背景下，寻找具有文化特色和地方特色的设计元素，将其融入产品设计，不仅可以丰富产品的内涵，也可以提升产品的品牌价值和市场竞争力。

（一）借助信息技术帮助设计师更好地理解和挖掘传统文化

随着信息技术的发展，设计师可以利用各种工具和平台，更深入地理解和挖掘传统文化，创造出充满个性和地方特色的设计作品。

数字化技术使得设计师可以轻松获取海量的文化资源。从古籍到艺术作品，从民俗资料到历史影像，各种类型的文化资料都可以在互联网上被找到。这些资源可以帮助设计师更好地理解传统文化，为其提供丰富的灵感来源。设计师可以通过研究这些资源，理解和学习传统文化的美学原则，从而在自己的设计作品中融入这些元素。

虚拟现实和增强现实等技术为设计师提供了一个全新的方式来感知和理解传统文化。例如，设计师可以通过 VR 技术，身临其境地体验古代建筑的空间布局，感受传统工艺的制作过程，甚至可以在虚拟环境中参与历史事件的重现，这些体验可以帮助设计师更加深入地理解传统文化，从而在设计作品中更好地表达文化元素。

人工智能和大数据等技术也在帮助设计师理解和挖掘传统文化过程中发挥了重要作用。通过大数据分析，设计师可以发现传统文化中隐藏的模式和规律，找到那些可能被忽视的文化元素。人工智能也可以帮助设计师处理和分析大量的文化资料，更快地找到自己感兴趣的信息。

信息技术也可以帮助设计师将传统文化以更现代、更吸引人的方式呈现出来。例如，设计师可以利用数字化技术，创造出具有互动性的文化展示，让观众可以通过互动，更直接地感受传统文化的魅力。或者，设计师可以利用 AR 技术，让传统文化元素以增强现实的方式呈现在观众眼前，这样的展示方式不仅具有很高的观赏性，也可以让观众更深入地理解和感受传统文化。

总的来说，信息技术为设计师理解和挖掘传统文化提供了强大的工具和平台，使得设计师可以更好地从传统文化中找到灵感，创造出更具有文化价值的优质产品。

（二）借助信息技术使传统文化元素更好地融入产品设计

在产品设计过程中，信息技术的应用无疑为设计师提供了强大的工具，使传统文化元素可以以更精确、更高效的方式融入产品设计。这可以在以下几个方面得到显著体现。

计算机辅助设计（CAD）等技术极大提高了设计效率，降低了错误率，使得设计师可以在设计过程中随时调整和优化设计元素。这种灵活性为设计师提供了更大的创新空间，使得他们可以在设计过程中不断尝试和改进，以最好的方式将传统文化元素融入产品设计。例如，设计师可以借助 CAD 技术，将传统的图案、符号或颜色等文化元素精确地应用在产品设计上，确保其与产品的其他部分和谐地结合在一起。

信息技术还可以帮助设计师将传统文化元素更好地可视化。例如，通过使用三维建模和渲染技术，设计师可以在设计阶段就可以看到最终产品的真实效果，这样他们可以在设计阶段就进行必要的调整，确保传统文化元素在最终产品中的效果符合预期。此外，这种技术还可以帮助设计师更好地向客户或公众展示他们的设计方案，让他们可以直观地看到传统文化元素在产品设计中的应用。

三维打印等技术使得设计师可以将虚拟的设计方案转化为实际的产品模型。这种技术不仅可以帮助设计师进行实物观察和试验，还可以让他们在早期阶段就可以制造出实际的产品样品，从而提前发现并解决可能出现的问题。此外，三维打印技术还可以使得那些复杂的、难以通过传统制造方法实现的设计方案变为可能，这为传统文化元素在产品设计中的应用打开了更广阔的空间。

人工智能技术也为传统文化元素在产品设计中的应用提供了可能。例如，设计师可以利用机器学习等技术，对传统文化元素进行深度分析，从而发现那些可能被忽视的设计思路或潜在的设计趋势。这种方式可以帮助设计师更好地理解传统文化元素，从而在设计中更好地运用它们。

综上所述，通过利用信息技术，设计师可以更好地理解和挖掘传统文化元素，以更高效和精确的方式将它们融入产品设计，从而创造出既充满传统韵味又符合现代审美的设计作品。

（三）借助信息技术帮助产品设计更好地传播和推广传统文化

信息技术的发展为产品设计的传播和推广打开了全新的可能，同时也为传统文化的传播提供了更广阔的平台。设计师可以运用这些技术，将融入了传统文化元素的产品设计推向全球，让更多的人接触并欣赏到传统文化的魅力。

社交媒体和网络营销为产品设计的传播提供了便利。设计师可以通过社交媒体平台分享他们的设计作品，让全世界的用户都能看到他们的设计。这种方式不仅可以让设计作品迅速获得大量的曝光，而且能够让更多的人了解背后的传统文化元素，从而加深他们对传统文化的认识和理解。同时，网络营销也为设计产品的推广提供了多样化的方式，设计师可以通过故事营销、内容营销等方式，让人们在了解产品的同时，也了解与其相关的传统文化。虚拟现实（VR）和增强现实（AR）等新兴技术为产品设计带来了全新的体验方式。这些技术可以为消费者创造出沉浸式的体验，让他们可以在虚拟环境中直接体验到产品设计所带来的文化体验。例如，消费者可以通过 VR 技术，身临其境地体验到传统工艺的制作过程，或者通过 AR 技术，看到传统文化元素如何融入现代生活。这些体验不仅可以增强消费者对产品的认知，也可以让他们更深入地感受到传统文化的魅力。大数据和人工智能等技术也可以帮助设计师更好地推广他们的设计作品。设计师可以通过大数据分析，了解消费者的需求和喜好，从而设计出更符合市场需求的产品。同时，人工智能也可以帮助设计师进行精准营销，例如，通过推荐算法，将设计产品推荐给最可能感兴趣的用户。

而且，信息技术也可以帮助设计师与消费者建立更紧密的联系。通过网络平台，设计师可以直接收到消费者的反馈，了解他们对产品设计的看法，从而进一步优化产品设计。同时，消费者也可以通过网络平台，了解设计师的创作过程和背后的文化故事，从而增强他们对产品和传统文化的认同感。

二、借助信息技术吸收借鉴海外优秀文化融入产品设计

借助信息技术吸收和借鉴海外优秀文化融入产品设计，是目前设计领域不可忽视的一种发展趋势。随着全球化的推进和信息技术的飞速发展，设计师可以更加方便地接触到世界各地的文化元素，同时，也可以更有效地将这些元素引入自己的设计，从而创造出具有国际视野和跨文化特色的产品。

（一）借助信息技术更容易地获取和理解海外的优秀文化

信息技术的进步正在改变我们获取、理解、运用文化资源的方式，

为设计师打开了一扇了解和挖掘海外优秀文化的大门。它为设计师提供了丰富的工具和平台，使得他们可以更好地将全球范围内的优秀文化元素融入自己的设计。互联网为设计师提供了一个获取海外优秀文化资源的广阔平台。设计师可以通过在线图书馆、艺术网站、历史数据库等资源，获取到各种类型的文化资料，包括艺术作品、历史文献、民俗资料等。比如，设计师可以通过访问海外数字博物馆的在线数据库，了解古代埃及的艺术风格；通过查阅国家地理杂志的在线版，接触到全球各地的民俗风情。虚拟现实和增强现实等技术为设计师提供了全新的文化体验方式。例如，设计师可以利用VR技术，参观位于世界各地的博物馆和艺术馆，亲身感受不同文化的魅力。或者，设计师可以通过AR技术，将古老的文物或艺术作品虚拟化，直观地看到它们在现实环境中的样子。人工智能和大数据等技术为设计师提供了更好的文化分析工具。设计师可以利用这些技术，对海外的优秀文化进行深度挖掘和分析。例如，设计师可以通过机器学习的方法，从大量的艺术作品中寻找到美学上的共同点和差异，或者通过大数据分析，发现某种文化元素在特定时间和地点的流行趋势。互动媒体和社交媒体为设计师提供了与海外文化交流的平台。设计师可以通过在线论坛、社交网站等方式，与全球的艺术家和设计师交流，共享创作心得，相互启发灵感。同时，设计师也可以通过这些平台，接触到来自各地的消费者，了解他们对不同文化元素的接受度和喜好。

（二）借助信息技术使海外的优秀文化更好地融入产品设计

信息技术无疑为设计师将海外优秀文化融入产品设计中提供了强大的工具和支持。它改变了设计的方式，使设计更加灵活、直观和高效。计算机辅助设计和三维建模技术是设计师在产品设计过程中的重要工具。它们能够帮助设计师在计算机上创建详细且精确的设计模型，并允许设计师随时修改和优化设计，使之更好地符合他们的创新想法和文化元素的融合。比如，设计师可以在设计一个受到其他国家折纸艺术启发的家具时，利用 CAD 技术轻松尝试各种形状和结构的变化，直到找到最佳的设计方案。数字化制造技术（如三维打印）使设计师能够将他们的设计方案更快速、更高效地转化为实体产品。这不仅能加快产品的制造速度，也使得更加复杂、富有创新性的设计变得可能。例如，设计师可以利用三维打印技术，打造出具有复杂结构的产品，如灵感源于非洲土著艺术的立体雕塑，或者将古印度文化中的花纹细节准确地体现在珠宝设计中。此外，模拟和预测技术也可以帮助设计师在设计阶段就预见产品的使用效果，以便更好地融入文化元素。比如，设计师可以通过虚拟现实技术，预先体验产品设计的实际效果，如一款以拉丁美洲部落图腾为设计灵感的室内装饰品在空间中的视觉效果。人工智能和机器学习等技术，可以帮助设计师从大量的文化资源中发现和学习新的设计语言和元素。例如，设计师可以利用深度学习算法，从欧洲中世纪的绘画作品中提取出特定的色彩和形状语言，然后在自己的产品设计中进行应用。实际上，随着信息技术的不断进步，将有更多新的工具和平台诞生，帮助设计师将海外的优秀文化融入产品创新设计。

（三）借助信息技术更好地推广和传播海外优秀文化的产品设计

借助信息技术，设计师可以更好地推广和传播融合了海外优秀文化的产品设计。这不仅使全球的消费者能够更加直观和深入地了解这些产品，还使得这些产品能够更快、更广泛地推向市场。社交媒体和网络营销是信息技术给设计师提供的强大的推广工具。设计师可以通过“微博”等社交平台，以及“抖音”等短视频平台，将自己的设计作品推广到更宽广的领域。比如，设计师可以在社交媒体上分享一款融合了印度尼西亚巴塔克艺术元素的服装设计，让全球的消费者都能欣赏到这种独特的设计。电子商务平台使得设计师能够将他们的产品更快、更方便地推向市场。通过“淘宝”等电子商务平台，设计师可以直接向消费者销售自己的设计产品。例如，一位设计师可以在电子商务平台上销售自己设计的一款灵感源于法国后印象派的彩色陶瓷杯。此外，虚拟现实和增强现实技术为产品设计的展示和体验提供了全新的可能。设计师可以利用这些技术，让消费者在虚拟环境中体验到他们的设计产品，从而更好地理解产品的设计理念和功能。例如，设计师可以制作一个 VR 展示，让消费者在虚拟环境中欣赏到一款受到古罗马建筑启发的家具设计，或者利用 AR 技术，让消费者在自己的生活环境中预览一个融合了日本和风的灯具设计。数据分析和人工智能技术可以帮助设计师更好地了解市场需求和消费者喜好，从而优化产品设计和推广策略。比如，设计师可以通过数据分析了解到，受到意大利文艺复兴艺术影响的产品在不同市场上具有的不同需求，从而决定在各个市场差异化推广他们的相关设计。可以说，在信息技术的帮助下，设计师不仅可以将海外优秀文化融入自己的产品设计中，还可以更好地将这些设计推广到全球，让更多的人了解和欣赏到世界各地的优秀文化。

参考文献

[1]张曙，张炳生，樊留群，等．机床产品创新与设计 [M]. 南京：东南大学出版社，2021.

[2]张芳兰．人机产品创新设计与评价 [M]. 秦皇岛：燕山大学出版社，2022.

[3]高常青．TRIZ 产品创新设计 [M]. 北京：机械工业出版社，2019.

[4]王晖．机械产品创新设计与 3D 打印 [M]. 北京：机械工业出版社，2021.

[5]凌雁．产品创新设计思维与表达 [M]. 长春：吉林美术出版社，2019.

[6]彭皎娣．湘西竹编艺术产品创新设计 [M]. 沈阳：辽宁大学出版社，2020.

[7]刘春荣．产品创新设计策略开发 (修订版)[M]. 上海：上海交通大学出版社，2019.

[8]缪莹莹，孙辛欣．产品创新设计思维与方法 [M]. 北京：国防工业出版社，2017.

[9]薛玉涵．交互设计理念下产品设计课程教学实践创新 [J]. 鞋类工艺与设计，2023, 3(11): 169–171.

[10]吉玮．浅谈传统扎染艺术在现代产品设计中的应用 [J]. 丝网印刷，2023(10): 43–46.

[11]蔡晓红．《梅兰竹菊》产品设计 [J]. 当代文坛，2023(03): 228.

[12]韦曦．长征国家文化公园建设中红色文化传承与文创产品设计 [J]. 社会科学家，2023(02): 38–44.

[13]赵朴．数字时代高校文创产品设计创新研究——以新乡学院为例 [J]. 新乡学院学报，2023, 40(04): 64–66.

[14]田原．民族文化元素在旅游文创产品设计中的应用 [J]. 文化产业，2023(11): 130–133.

[15]李晶，信玉峰，黄雅颖.《畲迹》箱包产品设计[J].印染，2023, 49(04): 109.

[16]毕瑞芳，燕昕昱，宋佳佳，等.压痕艺术在平定砂陶产品设计的实践应用[J].陶瓷，2023(04): 78–81.

[17]高惠娇，程振才.产品设计视角下的中小学STEM项目教学实践探索[J].中国教育技术装备，2022(19): 90–92+108.

[18]李方.基于智能材料的儿童产品设计[J].丝网印刷，2023(06): 29–31.

[19]贺婧，张学东.产品设计专业实训环节问题与对策研究[J].湖北师范大学学报(哲学社会科学版), 2023, 43(02): 74–79.

[20]郑艳玲，杨福政.浅析中国传统文化元素在现代产品设计中的应用研究[J].西部皮革，2023, 45(06): 119–121.

[21]龚怡慧.湖北工程学院美术与设计学院 教师 龚怡慧 产品设计作品选[J].湖北工程学院学报，2023, 43(02): 2.

[22]胡丽微，韩鹏.基于感质理论的敦煌文化创意产品设计研究[J].工业设计，2023(03): 26–28.

[23]包荣华.《海礼系列》黎族絣染技艺特色文创产品设计[J].上海纺织科技，2023, 51(03): 99.

[24]薛雯，朱燕华，黄桂锋.基于应用型人才培养的产品设计原理与方法课程教学策略研究[J].美术教育研究，2023(05): 136–138.

[25]王莉莉，邓忻吾.黄石工业遗产产品设计——电蒸笼[J].传媒，2023(05): 105.

[26]王莉莉，骆天忍.黄石工业遗产产品设计——儿童玩具[J].传媒，2023(05): 105.

[27]杜妍洁.产品设计[J].当代文坛，2023(02): 2.

[28]谢思思.《潮汇星城》文创产品设计[J].当代文坛，2023(02): 5.

[29]熊樱，秦鹏.文创产品设计[J].当代文坛，2023(02): 16.

[30]金磊磊.新媒体环境下的文化创意产品设计研究[J].文化产业，2023(06): 138–140.

[31]刘玲玲.新文科视域下地方理工院校“旅游产品设计”金课建设研究[J].

湖南包装, 2023, 38(01): 197–199.

[32] 刘晓凤, 邱恺琳. 基于 3D 打印技术的机械产品设计应用研究 [J]. 鞋类工艺与设计, 2023, 3(04): 39–41.

[33] 陈丽伶, 刘俊博, 杜新颖, 等. 乡村振兴战略下陕西红色文化创意产品设计研究 [J]. 设计, 2023, 36(04): 14–16.

[34] 黄博韬, 魏煜力. 基于莫里斯符号学的非遗类文创产品设计——以南通蓝印花布为例 [J]. 设计, 2023, 36(04): 38–42.

[35] 徐硕, 杜鹤滢. 城市家庭蔬菜种植产品设计研究 [J]. 设计, 2023, 36(04): 119–121.

[36] 许琳. 基于陶瓷艺术的现代产品设计思路创新 [J]. 鞋类工艺与设计, 2023, 3(04): 117–119.

[37] 江南大学设计学院产品设计专业 [J]. 创意与设计, 2023(01): 2.

[38] 彭星星, 郑静. 中国传统花丝工艺在现代产品设计中的创新应用 [J]. 创意与设计, 2023(01): 77–80.

[39] 江南大学 2020—2022 届产品设计优秀毕业设计作品选 [J]. 创意与设计, 2023(01): 105.

[40] 徐朝阳, 张亚超, 邵淑敏. 人工智能技术在电子产品设计中的应用 [J]. 南方农机, 2023, 54(06): 136–138.

[41] 蒋飞. 材料创新应用在产品设计过程中的实践研究 [J]. 艺术品鉴, 2023(06): 72–74.

[42] 王颖. 知识图谱视角下的中国文创产品设计研究可视化分析 [J]. 包装工程, 2023, 44(04): 324–331.

[43] 詹永杰, 熊菁菁. 米歇尔图像转向理论对于产品设计的启示 [J]. 工业设计, 2023(02): 31–33.

[44] 曲伟. 分析数字化背景下工业产品设计手绘表现技法 [J]. 艺术大观, 2023(06): 82–84.

[45] 何模楷. 汶川羌绣龙纹文创产品设计 [J]. 上海纺织科技, 2023, 51(02): 101.

[46] 岳永乐, 张薇薇. 梅花鹿文创产品设计与品牌推广研究 [J]. 产业创新

研究 , 2023(03): 71–73.

[47]周杨 . 传统陶瓷艺术与现代产品设计的深度融合 [J]. 陶瓷科学与艺术 , 2023, 57(02): 95–97.

[48]戴燕燕 , 左铁峰 . 新文科背景下的产品设计专业实践教学综合改革研究——以滁州学院产品设计专业为例 [J]. 滁州学院学报 , 2023, 25(01): 112–117.

[49]武转转 , 赵俊学 . 新文科背景下基于 OBE 理念的创新型人才培养模式研究——以产品设计专业为例 [J]. 艺术研究 , 2023(01): 106–109.

[50]赵沃林 . 国内戏曲类文创产品设计研究综述 [J]. 美与时代 (上), 2023(02): 139–141.

[51]吴欢龙 , 宋钰凯 , 黄光萍 . 基于情感化的家电产品设计时尚性研究 [J]. 设计 , 2023, 36(03): 14–17.

[52]刘益祯 , 陈培祺 , 莫李治 , 等 . 文创产品设计的情感表达 [J]. 陶瓷科学与艺术 , 2023, 57(02): 4–5.

[53]余冰雁 .《加湿器文创设计》产品设计 [J]. 艺术教育 , 2023(02): 288.

[54]张魁 .《石犀加湿器设计》产品设计 [J]. 艺术教育 , 2023(02): 288.

[55]张馨元 .《母婴类厨具产品创新设计》产品设计 [J]. 艺术教育 , 2023(02): 288.

[56]张召林 . 可编辑的未来——媒介感知在产品设计中的应用研究 [J]. 美术研究 , 2023(01): 83–88+97–99.

[57]李丹 . 草木染文创产品设计《染之蓝》[J]. 中国出版 , 2023(03): 74.

[58]蒋荣荣 , 王莂 , 熊忆 . 基于“人—物—环境”关系的文创产品设计载体分类研究——以粤剧服饰中“海水江崖”纹应用为例 [J]. 设计 , 2023, 36(02): 114–117.

[59]徐德记 . 基于情感化的文创产品设计研究 [J]. 大众文艺 , 2023(02): 39–41.

[60]张玉叶 , 张靖 . 夹具定位原理在机械产品设计中的应用 [J]. 现代制造技术与装备 , 2023, 59(01): 183–185.

[61]李晓夏 . 设计思维在产品设计中的运用研究 [J]. 艺术品鉴 , 2023(03): 89–91.

[62]郭继业 . 地域文化视域下旅游文创产品设计研究 [J]. 包装工程 , 2023, 44(02): 339–342.

[63]颜成宇 , 孙博 , 马映彤 . 基于脑波驱动的电子音乐合成器产品设计 [J]. 工业设计 , 2023(01): 98–100.

[64]陈柏寒 . “红色经典”系列文创产品设计 [J]. 新闻爱好者 , 2023(01): 125.

[65]张艳 , 曹百奎 . 高职院校“文化创意产品设计”课程思政教学探究 [J]. 大众文艺 , 2023(01): 169–171.

[66]苏娜娜, 罗一鸣 . 数字技术在陶瓷产品设计、制造与传播的应用研究 [J]. 佛山陶瓷 , 2023, 33(01): 71–72+81.

[67]周勇 , 付志刚 . 数字化技术在陶瓷产品设计中的应用研究 [J]. 陶瓷科学与艺术 , 2023, 57(01): 62.

[68]刘婕 . 地域特色文化在文创产品设计中的创新应用 [J]. 鄂州大学学报 , 2023, 30(01): 76–77.